单片机技术及应用项目教程
——基于 STM32 系列

主　编　王　荣　王　梅
副主编　钮长兴　王成麟

科学出版社
北　京

内 容 简 介

本书采用"项目导向、任务驱动"编写方式，包含项目目标、导入案例、任务描述、任务资讯、任务实施。本书采用行业龙头企业的城市智慧景观系统典型真实项目，构建了城市智慧景观系统、智慧景观灯光控制系统、智慧景观定时控制系统、智慧景观电源电压采集系统和智慧景观环境温湿度数据采集系统（5个项目，10个任务，13个单片机程序设计与仿真子任务），全面讲解了单片机GPIO、中断、定时、ADC和串口UART的知识点和技能应用点。

本书可作为中高职院校电子类、自动化类、通信类、计算机类等专业（方向）单片机课程的教学用书，也可作为相关职业技术培训及从事电子产品设计开发的工程技术人员的参考用书。

图书在版编目（CIP）数据

单片机技术及应用项目教程：基于STM32系列 / 王荣，王梅主编.

北京：科学出版社，2025.2. --ISBN 978-7-03-079823-7

Ⅰ．TP368.1

中国国家版本馆CIP数据核字第2024Y94K01号

责任编辑：王 琳 吴超莉 / 责任校对：赵丽杰
责任印制：吕春珉 / 封面设计：东方人华平面设计部

科学出版社出版
北京东黄城根北街16号
邮政编码：100717
http://www.sciencep.com

三河市骏杰印刷有限公司印刷
科学出版社发行 各地新华书店经销
＊

2025年2月第 一 版 开本：787×1092 1/16
2025年2月第一次印刷 印张：12
字数：285 000

定价：46.00元
（如有印装质量问题，我社负责调换）

销售部电话 010-62136230 编辑部电话 010-62138978-2029

前　　言

随着科技的飞速发展，职业教育在培养高素质技能人才方面发挥着越来越重要的作用。单片机技术作为现代电子信息技术的重要分支，在工业自动化、智能控制等领域具有广泛的应用。单片机技术人才主要包括单片机开发工程师、单片机技术支持工程师和单片机测试工程师；这些技术人才不仅需要具备扎实的理论基础，如电子信息技术、嵌入式系统开发等，还需要具备丰富的实践经验，如单片机编程、硬件电路设计等。随着技术的不断更新迭代，单片机技术人才需要具备创新能力，以适应新的技术挑战和市场需求。特别是物联网、智能家居、智能交通等领域的兴起，单片机技术作为嵌入式系统的核心，其重要性日益凸显。单片机技术人才的市场需求也随之不断增长。

本书旨在为学生提供一本既符合市场需求又符合职业教学规律的优质教材，以帮助学生掌握单片机技术的基础知识和实际应用技能。本书采用"项目导向、任务驱动"的编写方式，选用市面主流产品 STM32 系列单片机，通过真实的项目案例和丰富的实践内容，引导学生深入理解单片机的原理和应用，培养其实践能力和创新精神。同时，本书还注重理论与实践的结合，强调学生的主体性和实践性，力求使学生能够在学习中不断提高综合素质。本书采用"学生中心、能力本位、工学结合"的教学理念，知识和技能点由浅入深、由易到难、由简单到综合，层层递进，更加符合实际工程应用，旨在培养学生对单片机的认知和工程应用技能，以及培养单片机创新意识和创新应用能力。

1. 结构和内容

本书围绕单片机技术的基础知识和实际应用，通过丰富的项目案例，系统地介绍了单片机技术的各方面。本书以智慧景观系统为背景，通过 5 个典型项目案例，引导学生深入理解单片机的核心功能和应用场景。

本书的 5 个项目案例如下。

1）项目 1：城市智慧景观系统。通过本项目，学生将学习单片机的概念、发展历程、应用领域，详细了解单片机的基本结构、工作原理、编程语言（如 C 语言）及开发工具（如 Keil、Proteus）。

2）项目 2：智慧景观灯光控制系统。通过本项目，学生将学习单片机 GPIO 和中断的应用，掌握如何通过单片机控制发光二极管（light emitting diode，LED）的亮灭和闪烁。

3）项目 3：智慧景观定时控制系统。通过本项目，学生将学习单片机的定时功能，实现定时提醒和预约功能。

4）项目 4：智慧景观电源电压采集系统。通过本项目，学生将学习模−数转换器

（analog-to-digital converter，ADC）的应用，了解如何通过单片机采集电源电压并进行处理。

5）项目 5：智慧景观环境温湿度数据采集系统。通过本项目，学生将学习串口通用异步接收发送设备（universal asynchronous receiver/transmitter，UART）的应用，实现单片机与其他设备（如传感器）之间的数据通信，从而采集环境数据。

2. 特色

本书围绕单片机技术在城市智慧景观系统中的应用，详细介绍了 GPIO、中断、定时、ADC 和串口 UART 等关键知识点和技能应用。通过 5 个典型应用场景的项目构建，10 个工作任务的实施，学生能够在完成任务的过程中逐步掌握单片机的相关知识和技能。本书的特色如下。

1）真实项目案例：本书通过真实的城市智慧景观系统案例，引导学生深入理解单片机的原理和应用，提高学习的针对性和实用性。

2）实践教学与仿真环境：基于 Keil+Proteus①软件平台，提供单片机应用电路设计、程序在线开发及仿真的完整解决方案，使学生能够在实践中掌握单片机的开发和应用技能。

3）层次递进的教学内容：本书按照从基础到进阶、从简单到复杂的层次递进原则编排教学内容，学生能够逐步提高自己的实践能力和综合素质。

3. 使用

（1）编排体例

本书在编写过程中充分调研市场需求和教学需求，力求内容贴近实际、易于理解。本书的体例按照项目目标—导入案例—任务描述—任务资讯—任务实施的流程进行编排，学生能够在完成任务的过程中逐步提高自己的实践能力和综合素质；注重教材的可读性和可操作性，力求使教材更加符合学生的学习习惯和实际需求。

（2）适用范围

本书适合中等职业教育电子信息类专业的学生使用，也可作为相关从业人员的自学参考书。根据教学需求和课时安排，建议教师结合实际情况进行适当调整。一般来说，本书可作为一学期或一学年的主要教材使用，配合相应的实验和实践环节进行教学，建议学时为 64 学时。

（3）教学指导意见

在教学过程中，教师应注重培养学生的实践能力和创新精神。通过引导学生参与项目实践、开展实验操作等方式，培养学生的动手能力和解决问题的能力。同时，教师还应注重与学生的互动和交流，及时了解学生的学习情况和反馈意见，以便更好地指导学生的学习。此外，教师还可以结合企业的实际需求和市场发展趋势，引导学生关注单片

---

① 本书用 Proteus 软件绘制的电路图中的元器件均符合国际标准，与国家标准略有差异，特此说明。

机技术的最新发展动态和应用前景，提高学生的职业素养和就业竞争力。

（4）阅读建议

对读者来说，要想学好单片机技术，不仅需要注重理论知识的学习，更要注重实践能力的培养。建议读者在掌握 C 语言、电路设计、Keil 和 Proteus 软件的相关知识的基础上学习本书相关内容，并多动手实践、多思考总结，不断提高自己的实践能力和综合素质。同时，读者还可以结合教材提供的案例和实验项目，进行实践操作和验证，加深对单片机技术的理解和掌握。此外，读者还可以关注单片机技术的最新发展动态和应用前景，了解市场需求和岗位要求，为自己的职业发展做好充分的准备。

单片机的发展是为了满足不断增长的传感器接口、电气接口、通信网络接口等方面的要求，以适应自动检测和控制的要求。因此，随着半导体制造工艺的不断提高，单片机正朝着高性能、大存储容量、低电压低功耗、外围电路内装等方向发展。要掌握单片机技术的精髓，需要学习者（从业者）在实践中不断摸索和积累，逐步提高自己的技术应用水平。

本书由重庆市渝中职业教育中心和中移物联网有限公司组织编写。本书由王荣、王梅担任主编，钮长兴、王成麟担任副主编，杨贤道、傅其淋、倪小凤、谢斓等人参与编写。其中，王荣负责教材的整体结构和内容设计，并编写项目 1；王梅负责教材知识点和技能点的梳理，并编写项目 2；钮长兴、王成麟负责教材内容的审核，并编写项目 3；杨贤道、傅其淋编写项目 4；倪小凤、谢斓编写项目 5。

在本书的编写过程中，重庆电子科技职业大学、中煤科工集团重庆智能城市科技研究院有限公司、工业和信息化部电信研究西部分院、重庆市物联网产业协会、重庆市育才职业教育中心、重庆市九龙坡职业教育中心等企业和兄弟院校提供了宝贵建议和意见，并给予大力的支持、鼓励及指导，在此一并致谢。同时感谢所有参与本书编写和审校工作的专家和学者们的辛勤付出和无私奉献。

本书提供相关源程序、电路图、教学课件和微课资源，可供读者学习交流。

由于编者水平有限，书中难免存在疏漏和不足之处，恳请广大读者批评指正。

编　者

2024 年 8 月

目　录

项目 1　城市智慧景观系统

 **项目目标**

通过本项目的教学，学生理解相关知识之后，应达成以下目标。

知识目标

1）理解单片机的概念。

2）了解单片机的发展和应用。

3）熟悉典型的单片机的性能参数。

4）了解城市智慧景观系统的概念。

5）熟悉 STM32 单片机的结构及特点。

能力目标

1）能够查阅并整理常用单片机的相关资料。

2）能搭建 Keil 工具和 Proteus 工具。

3）能利用 Keil 工具创建工程文件、源文件及对工程文件进行编译、链接和下载。

4）能利用 Proteus 工具进行元器件的添加及 Hex 文件的加载。

素质目标

1）增强主动学习的意识。

2）养成有效分析信息的习惯。

3）形成专业文化认同感。

 导入案例

重庆渝中区两江夜景是重庆夜景的精华，也是重庆的标志性景点之一，如图 1.1 所示。在长江和嘉陵江的交汇处，可以欣赏独特的夜景，感受重庆山城的浪漫。夜色中的山城，被万家灯火映衬得如诗如幻，环抱的两江流光溢彩，飞跨的长桥轮廓清晰。整座城市在夜空的衬托下美轮美奂、光彩夺目，展现出山城的无穷魅力。两江两岸的灯光熠熠生辉，高楼、桥梁、山峦倒映在江面上，形成了一幅流动的画卷。

彩图 1.1

图 1.1　重庆渝中区两江夜景

　　这么漂亮的夜景，离不开霓虹灯光的衬托，展现在人们面前的灯光屏幕和隐藏在视线背后的无数电子器件构建了城市智慧景观系统，赋予了现代化城市壮观而绚丽的面貌，生活在这样的城市中，我们感到无比幸福。

　　城市景观的智能化与智慧化离不开各种智能化设备与电子元器件，而单片机则是其中用量较多，且最为核心的电子元器件。单片机尺寸虽小但其功能非常强大，应用也极其广泛，在现代电子设备中往往都有它的身影。图 1.2 所示为生活中应用到单片机的各种电子产品。

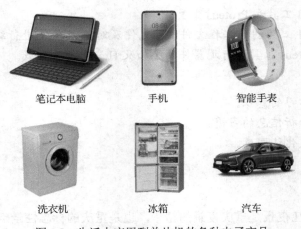

笔记本电脑　　　　手机　　　　智能手表

洗衣机　　　　冰箱　　　　汽车

图 1.2　生活中应用到单片机的各种电子产品

任务 1.1　探寻常用的单片机

任务描述

　　现代生活离不开各种各样的电子产品，学习工作离不开计算机、手机，家庭生活离不开洗衣机、冰箱等。虽然这些电子产品的功能不同，形态各异，但是它们都通过单片机来运行各种各样的程序。这些单片机或大或小，性能或强或弱，你能描述各种单片机的基本信息和性能参数吗？假如你是一名电子信息技术领域的技术人员，请提供一份单片机基本信息和性能参数表，该表包含3～5款单片机的型号、架构、生产厂商、主频、功耗、内部的外设情况及其他特点。

 任务资讯

1. 单片机的基础知识

单片机和微型计算机有着密切的关系，为了更好地理解单片机，首先了解微型计算机的一些概念和知识。人们熟悉的微型计

单片机的概念与组成

算机就是个人计算机（personal computer，PC），它在人们的学习、生活和工作中常见且起到了重要的作用。包含个人计算机在内的各种微型计算机通常由运算器、控制器、存储器、输入/输出（input/output，I/O）设备组成。运算器和控制器是核心部分，由它们所构成的运算和控制中心称为微处理器或中央处理器（central processing unit，CPU）。存储器用于存放程序指令和数据。I/O 设备用于实现微型计算机信息的输入和输出，输入和输出设备因其电压、电流和数据传输速度等与 CPU 不匹配，所以必须通过各种 I/O 接口才能与 CPU 相连接。微型计算机的组成结构如图 1.3 所示。

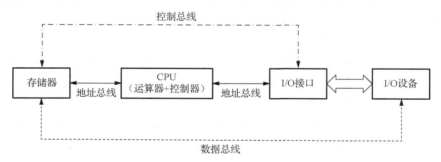

图 1.3 微型计算机的组成结构

单片机是指把微型计算机 CPU 的频率与规格进行适当缩减，并将内存、计数器、通用串行总线（universal serial bus，USB）、ADC、UART 等周边接口，甚至液晶显示器（liquid crystal display，LCD）驱动电路都整合在单一芯片上，形成芯片级的计算机。虽然单片机只是一块芯片，但是它的组成和功能完全具有计算机系统的属性，因此早期称为单片微型计算机，简称单片机。随着处理器细分领域的发展，为了强调单片机主要应用于控制领域的特点，现代一般将其称为微控制器（microcontroller），由于单片机主要应用于智能化产品，一般需要嵌入仪器设备内，故又称为嵌入式微控制器。随着电子技术的发展，单片机集成了越来越多的外设资源，包括 A/D（D/A）转换器、电擦除可编程只读存储器（electrically-erasable programmable read-only memory，EEPROM）、脉宽

调制器、看门狗定时器，以及各种外部总线接口等组件，因此单片机侧重测量与控制技术的特点得到进一步加强，已广泛应用于工业控制、汽车电子、家电产品、智能仪表等领域。与此同时，当单片机继承了较多的外设资源时，为了凸显其性能，很多时候将其称为微控制器以进行区分。图 1.4 所示为几款常见的单片机。

（a）AT89C51　　　（b）ATMEGA32A　　　（c）MSP430F169

图 1.4　常见的单片机

单片机的诞生标志着计算机正式形成了通用计算机系统和嵌入式计算机系统，单片机的出现是近代计算机发展史上的一个重要里程碑。单片机主要具有以下特点。

1）体积小、性价比高。单片机从出现至今，以面向对象的实时监测和控制为己任，在增强其控制功能的同时，不断缩小体积，降低成本，迅速而广泛地取代了经典电子系统。具有一般功能的单片机价格低至几元人民币，内含 A/D 转换器、D/A 转换器、通信接口、计数器等功能的单片机价格也仅在百元量级，性价比很高。

2）可靠性高。单片机的系统软件均固化在其只读存储器（read-only memory，ROM）中，不易受病毒破坏；许多信号的通道均集成在芯片内部，运行系统稳定可靠；整个单片机是按工业测控环境要求设计和制作的，抗干扰能力优秀。

3）功耗低。单片机常用于便携式产品和家庭消费类产品，整体有着低电压和低功耗的要求，因此，市面上的大部分单片机通常可在 3～5V，甚至更低的电压下运行，并且其工作电流也是在微安级别。

4）易扩展。单片机内部具有计算机正常运行所必需的部件，外部有很多供扩展用的总线、并行 I/O 和串行 I/O 引脚，在不同需求下很容易构成各种规模的计算机应用系统和控制系统。

5）控制功能强。单片机的控制功能体现在其具有丰富的控制指令，如条件分支转移指令、位处理指令、I/O 接口的逻辑操作指令等，可以对逻辑功能比较复杂的系统进行控制。

2. 单片机的发展

1946 年，世界上第一台通用电子计算机在美国宾夕法尼亚大学诞生，这个庞然大物由 1 万多只电子管组成，重达 30t，它开启了一个全新的时代；人类随后进入以晶体管制造技术为标志的半导体时代。20 世纪 70 年代，半导体大规模集成电路的发明使计算机微型化成为可能；1971 年，英特尔（Intel）公司研制出世界上第一个商用微处理器 Intel 4004，标志着微处理器和微型计算机时代从此开始；1974 年，美国 Fairchild（仙童）公司研制了世界上第一台单片机 F8,深受家用电器与仪器仪表领域的欢迎和重视。从此,单片机开始迅速发展,应用领域也不断扩大。通常,单片机的发展可以分为以下几个阶段。

(1)单片机初级阶段(1974~1975 年)

在这个阶段生成的单片机,制造工艺落后,集成度低,采用双片形式,还不是真正意义上的"单片"。这是因为单片机内部只包含 CPU、随机存储器(random access memory,RAM)和少量的接口,还需要另外一片含有 ROM 或其他接口的芯片才能组成一台完整功能的单片机。世界上第一台单片机 F8 正是这样的单片机。

(2)低性能单片机阶段(1976~1978 年)

此阶段的单片机已经在单块芯片内集成了 CPU、并行接口、计数器/定时器、RAM 和 ROM 等功能部件,能够独立完整地工作。但此阶段的单片机性能低、品种少,应用范围也不是很广。1976 年 Intel 公司研制的 MCS-48 系列单片机,就是世界上第一款真正意义上的"单片机"。

(3)高性能单片机阶段(1979~1982 年)

这一阶段的单片机和前两个阶段相比,不仅存储容量和寻址范围增大,而且中断源、并行 I/O 接口和定时器/计数器的个数都有不同程度的增加,并且继承了全双工串行通信接口,在指令系统方面,普遍增设了乘除法、位操作和比较指令。1980 年,Intel 公司推出的 8 位 MCS-51 系列单片机就是这个阶段单片机的典型代表,该系列单片机简单易用、性价比高,具有完善的总线管理和控制功能,奠定了单片机技术发展的基础。与 MCS-51 兼容的单片机直到现代都还在广泛使用。

(4)8 位单片机巩固发展、16 位单片机推出阶段(1983~1990 年)

20 世纪 80 年代,单片机迎来了大发展,各大半导体厂商竞相推出各具特色的单片机品牌,国内市场比较有影响力的单片机主要有微芯(Microchip)科技公司的 PIC 系列、德州仪器(Texas Instruments,TI)公司的 MSP430 系列、爱特梅尔(ATMEL)公司的 AVR 系列,以及意法半导体(ST)公司的 STM8 系列等。PIC 系列是首先采用精简指令集计算机(reduced instruction set computer,RISC)架构的单片机,MSP430 系列以低功耗著称,AVR 系列依托 ATMEL 公司卓越的片内 Flash 技术成为经典。

(5)32 位单片机全面推出阶段(1991 年至今)

随着信息技术的快速发展,原来的 8 位、16 位多点控制器(multipoint control unit,MCU)逐渐因为性能上的瓶颈难以满足越来越高的需求,以 ARM 为代表的 32 位微控制器抓住契机迅速壮大。与此同时,随着单片机在各领域全面深入地发展和应用,单片机的发展出现分化,如出现了高速、大寻址范围、强运算能力的 8 位/16 位/32 位通用型单片机,以及小型廉价的专用型单片机。

单片机的发展是为了满足不断增长的传感器接口、电气接口、通信网络接口等方面的要求,以适应自动检测和控制的要求。因此,随着半导体制造工艺的不断提高,单片机正朝着高性能、大存储容量、低电压低功耗、外围电路内装等方向发展。

3. 单片机的应用

单片机因体积小、功能强、成本低、可靠性高、易于扩展等优点，被广泛应用于各个领域。

（1）智能家居

智能家居通过物联网技术将家中的各种设备，如音视频设备、照明系统、窗帘控制、安防系统、空调控制、数字影院系统、网络家电及三表抄送等连接到一起，提供智能操控等多种功能和手段，从而提升家居生活的安全性、舒适性、便利性、高效性和环保性。在智能家居领域，单片机发挥着重要作用。通过单片机控制的智能家电，可以实现远程操控、自动化管理、节能环保等功能。例如，智能空调可以根据室内温度自动调整工作模式，智能照明系统可以根据光线和人的活动情况自动开关和调整亮度，智能门锁可以通过手机 App 远程控制和监控。

（2）工业检测与控制

工业检测与控制是工业自动化领域中的重要环节，主要负责检测和控制工业生产过程中的各种参数和变量，以确保生产过程的稳定、安全和高效。工业检测主要依赖于各种传感器和测量设备，实时采集生产过程中的压力、温度、流量、液位等信息，并将这些信息转换为可处理的数据。工业控制通过单片机等控制器，根据检测到的数据对生产设备进行精确的控制和调整，以实现生产过程的自动化和智能化。这种检测与控制技术的结合，不仅提高了生产效率，降低了能耗和成本，还增强了生产过程的安全性和可靠性，为现代工业的发展提供了有力的支持。

（3）智能仪器仪表

智能仪器仪表是一种将传统仪器仪表与现代计算机、通信和人工智能等技术相结合的新型设备。它具备自动化、智能化、多功能化等特点，能够实现对各种物理量的精确测量、数据处理、控制操作及网络通信等功能。单片机在智能仪器仪表中扮演着核心控制器的角色，负责数据采集、处理、显示和通信。以单片机为中心的智能仪器仪表广泛应用于电力、水务、能源等领域，可以实现对各种物理量的精确测量和监控。

（4）医疗设备

医疗设备是医疗领域中不可或缺的重要工具，用于诊断、治疗、监测和预防疾病，是保障人们健康的重要手段。这些设备通常结合了电子技术、医学影像技术、生物传感器技术等多种高科技手段，以提高医疗服务的质量和效率。单片机在医疗设备中也有广泛的应用，如心电图机、血压计、血糖仪等。通过单片机实现的医疗设备具有自动化、智能化、高精度等特点，可以提高医疗质量和效率。

（5）网络与通信

网络与通信是现代社会中不可或缺的基础设施，它们为人们提供了快速、便捷的信息交换和资源共享方式。简单来说，网络是指将多台计算机或设备连接起来，通过数据链路进行通信和资源共享的系统；通信是指信息在网络中的传输和交换过程。单片机在网络与通信领域也有重要的应用。例如，在移动通信基站中，单片机负责控制基站的运行和管理；在光纤通信中，单片机可以实现光信号的检测和处理。

（6）汽车电子

汽车电子是车体汽车电子控制装置和车载汽车电子控制装置的总称。汽车电子化是现代汽车发展的重要标志，其重要作用是提高汽车的安全性、舒适性、经济性和娱乐性。具体来说，汽车电子可以实现对车辆动力、安全、通信和娱乐等多个方面的控制和管理，从而提高汽车的性能和驾驶体验。汽车电子是现代汽车的重要组成部分。单片机在汽车电子中扮演着关键的角色，负责各种控制系统的运算、判断和执行，包括汽车安全气囊、智能驾驶、汽车黑匣子等功能和服务。

（7）航空航天

航空航天是人类探索和利用太空及在大气层中飞行的科技领域，航空航天技术的发展水平直接反映了一个国家的科技实力和综合国力，也是人类文明发展的重要标志之一。在航空航天领域，单片机同样有着广泛的应用。由于航空航天领域对设备的可靠性、稳定性、精度等要求极高，单片机以其高度的集成度、稳定性和可编程性成为理想的选择。

此外，单片机还在许多领域发挥着重要作用，如消费电子、玩具、安防监控等。随着物联网、人工智能、5G 等技术的快速发展，单片机的应用前景将更加广阔。未来，我们可以期待单片机在更多领域发挥更大的作用，为人类的生活和工作带来更多的便利和效益。

4. 典型单片机概览

单片机有多种分类方法。根据单片机的适用范围，它可以分为专用型和通用型，专用型单片机的用途比较单一，出厂时程序已经一次性设定好、不能更改，特点是生产成本低、适合大批量生产。通用型单片机的用途广泛，使用不同的接口电路、编写不一样的代码程序就可以实现不同的功能，广泛应用于小型家电。

单片机系列概览：从 51 到 ARM

根据单片机的处理器位数或架构，它通常可以分为 8 位、16 位和 32 位，位数越高，处理器的性能越强。8 位单片机具有较低的成本和较低的功耗，适用于一些资源有限、计算复杂度较低的应用，这类单片机的代表是 8051 系列单片机，它具有广泛的应用和较强的兼容性。16 位单片机具有更强的计算能力和更丰富的外设接口，适用于一些计算复杂度较高的应用，如 PIC24 系列单片机，在嵌入式控制和信号处理领域应用广泛。32 位单片机具有强大的处理能力和高度集成的特点，能够处理大规模、复杂的任务，ARM Cortex-M 系列单片机广泛应用于智能家居、工业自动化、车载电子等领域。

另一种较为常用的分类方法是按照单片机系列来进行分类，主要包括 51 系列、PIC 系列、MSP430 系列、AVR 系列、ARM 系列，下面分别进行介绍。

（1）51 系列单片机

Intel 公司在 1970～1980 年推出了 MCS-48、MCS-51、MCS-96 系列单片机，其中 MCS-51 系列最受欢迎，包括 8031、8051 和 8751 这 3 种型号。8031 无内置程序存储器，

而 8051 和 8751 则分别配备了 4KB 的一次性写入 ROM 和可擦可编程只读存储器
（erasable programmable ROM，EPROM），更贴合"单片"的概念。

MCS-51 系列单片机拥有完备的指令系统和丰富的外设管理功能，为单片机技术的
发展奠定了基础。8051 内核的开放策略也极大地推动了其普及程度，自 20 世纪 80 年代
中期起，Intel 授权给许多半导体厂家，如 ATMEL 公司、PHILIPS（飞利浦）公司、DALLAS
（达拉斯）公司等，使其功能得到进一步的拓展。这些与 MCS-51 兼容的产品，被习惯
性地称为 51 单片机或 8051 单片机，至今仍在广泛应用。

现在，NXP（恩智浦半导体公司）、ST、ATMEL 等公司都在生产 51 单片机。ATMEL
的 AT89C×× 系列率先采用 Flash ROM 技术，使开发费用显著降低，改变了单片机应用
系统的开发模式，是 51 系列单片机发展历程中的一大飞跃。图 1.5 所示为两款常见的
51 系列单片机。

图 1.5　51 系列单片机

总的来说，51 系列单片机的主要特点如下。

1）具有 8 位处理器架构，运行频率一般为 12MHz。

2）内置 4～64KB 的闪存和 128B～2KB 的 RAM。

3）具有多种 I/O 接口，包括串口、定时器、中断等。

4）支持多种编程语言，包括 C 语言、汇编语言等。

5）价格低廉，广泛应用于家电、电子产品等领域。

（2）PIC 系列单片机

PIC，全称为 peripheral interface controller（外围接口控制器），是 Microchip 公司推
出的一款基于精简指令集和哈佛结构的单片机。凭借高性价比和出色的抗干扰能力，PIC
单片机受到了广大用户的热烈欢迎，并在多个领域得到了广泛应用。自 1989 年首款产
品问世以来，其市场份额持续增长。随着技术的不断进步，PIC 单片机逐渐扩展到 16
位和 32 位架构，性能大幅提升。

Microchip 公司独具匠心，首次在 8 位单片机中实现了精简指令集，并采纳了哈佛
结构，将程序与数据空间分离，从而大幅降低了成本并提升了运行效率。PIC 单片机系
列繁多，性能各异，但程序开发却保持了高度通用性，为工程师提供了灵活的选择空间。
设计师可依据实际需求，挑选最具性价比的型号，避免资源浪费，并在产品升级时轻松

完成再次开发。

PIC 系列单片机分为低、中、高 3 档。低档机型如 PIC16C5×、PIC12C5×× 系列，结构简单、价格亲民，适用于简单控制任务和价格敏感的消费类产品。中档机型如 PIC16F7×、PIC16F87× 系列，种类繁多、组合灵活，应用领域广泛。高档机型以 PIC18 开头命名，专为高端产品设计。图 1.6 所示为 PIC 系列单片机中的低档机型和高档机型。

（a）PIC16F877A低档机型　　　　（b）PIC18F46J50高档机型

图 1.6　PIC 系列单片机

总的来说，PIC 系列单片机的主要特点如下。

1）具有 8 位和 16 位处理器架构，运行频率一般为 20～40MHz。

2）内置闪存和静态随机存储器（static RAM，SRAM），容量为 256B～128KB。

3）具有多种 I/O 接口，包括定时器、A/D 转换器、脉宽调制（pulse-duration modulation，PWM）等。

4）支持多种编程语言，包括 C 语言、汇编语言等。

5）具有丰富的开发工具和开发平台，包括 MPLAB X IDE、Code Composer Studio 等。

（3）MSP430 系列单片机

自 1996 年 TI 公司推出 MSP430 以来，其便以超低功耗特性受到业内瞩目，广泛应用于便携式仪器仪表、医疗器械和汽车电子等领域。这款 16 位精简指令集计算机（reduced instruction set computer，RISC）架构的单片机，凭借其丰富的外设系统和强大的功能，在早期单片机中独树一帜。

MSP430 系列单片机拥有模块化设计的外设资源，各模块独立且完整，使不同型号的单片机在相同外设模块的使用方法和寄存器上保持一致，极大地简化了程序编写。同时，各模块可独立开关，为节能提供了更多可能性。

MSP430 的显著优势在于其低功耗特性，能以微安级电流持续运行。这得益于 TI 公司的研发实力，以及 MSP430 出色的架构和模块电源管理。现代单片机纷纷效仿其外设模块电源可开关的设计，以追求更低的功耗。随着社会对功耗要求的日益严格，MSP430 在野外气象传感器、微弱能源供电设备等领域的竞争力愈发凸显。图 1.7 所示为 MSP430F 系列单片机。

图 1.7　MSP430F 系列单片机

总的来说，MSP430 系列单片机的主要特点如下。

1）采用 16 位 RISC 架构，具有低功耗、高性能的特点，运行频率范围广。

2）内置多种存储器类型，包括 Flash、SRAM 和铁电存储器（ferroelectric RAM，FRAM）等，容量根据型号不同而有所差异。

3）拥有丰富的外设资源，包括定时器、比较器、A/D 转换器、D/A 转换器、UART、串行外设接口（serial peripheral interface，SPI）等，满足各种应用需求。

4）支持多种编程语言，如 C 语言、C++语言和汇编语言，方便开发者选择最熟悉的编程方式。

5）提供全面的开发工具和支持，包括 MSP430 GCC 编译器、MSP430 Explorer 套件、MSP430 Debugger 等，为开发者提供便捷的开发体验。

（4）AVR 系列单片机

AVR 单片机，是 ATMEL 公司于 1997 年推出的 8 位 RISC 单片机，与 AT89 系列形成鲜明的对比，它代表了 ATMEL 的创新架构。自问世以来，AVR 单片机凭借其卓越性能在国内市场占据一席之地，成为 ATMEL 的新一代明星产品。

AVR 单片机独具匠心，采用全新架构，针对代码大小、性能和功耗进行优化。其快速存取寄存器由 32 个通用工作寄存器组成，打破了传统单片机数据传输的瓶颈。此外，AVR 单片机采用哈佛结构，将程序与数据分离，指令执行仅需一个时钟周期，便可实现高效预取。

AVR 系列涵盖低、中、高 3 个档次，型号丰富多样。ATtiny、AT90、ATmega 分别代表低、中、高档产品，其中 ATmega 系列最为经典，广泛应用于各类场景。Arduino 这一开源硬件巨头，亦选用 ATmega 芯片作为其核心。尽管不同型号在功能和存储容量上有所区别，但它们的基本结构和编程方法保持一致，为用户提供了极大的灵活性和便利性。图 1.8 所示为常见的 AVR 系列单片机。

总的来说，AVR 系列单片机的主要特点如下。

1）具有 8 位和 32 位处理器架构，运行频率一般为 20～30MHz。

2）内置闪存和 SRAM，容量为 1～256KB。

3）具有多种 I/O 接口，包括定时器、比较器、A/D 转换器、D/A 转换器等。

4）支持多种编程语言，包括 C 语言、汇编语言等。

5）具有丰富的开发工具和开发平台，包括 AVR Studio、Atmel Studio 等。

图 1.8　AVR 系列单片机

（5）ARM 系列单片机

ARM 系列单片机是由英国 ARM 公司设计的具有 RISC 架构的一系列单片机，广泛应用于各种嵌入式系统设计中。

ARM 系列单片机以其高效能、低功耗和广泛的应用领域而闻名。主要包括 Cortex系列和 Legacy 系列，Cortex 系列又包括 Cortex-A 系列、Cortex-R 系列、Cortex-M 系列。其中，Cortex-M 系列是专为微控制器和嵌入式系统设计的，具有高性能、低功耗和易于集成的特点。它支持多种操作系统，包括 Free RTOS 和 Linux 等，方便开发者根据需求选择合适的操作系统。

提到 Cortex-M 内核，就不得不提 ST 公司的 STM32 系列单片机。2007 年，ST 公司首次推出基于 Cortex-M3 内核的 STM32F1 系列 MCU，直到现在仍在广泛使用。ST公司在后续发展的过程中推出了庞大的产品线以满足多种应用需求，同时在业界率先采取固件库开发方式，让开发更加快速便捷。ST 公司的产品还具有性价比高、手册详细齐全、软件生态完善、第三方培训资源丰富等特点，帮助 ST 公司在 MCU 领域攀上了高峰。STM32 系列 MCU 在国内有极其广泛的应用基础，这正是编写本书选择 STM32单片机的原因。图 1.9 所示为两款不同型号的 STM32 单片机。

总的来说，ARM 系列单片机的主要特点如下。

1）具有 32 位处理器架构，运行频率一般为 50～200MHz。

2）内置闪存和 SRAM，容量为 16KB～2MB。

3）具有多种 I/O 接口，包括 SPI、内部集成电路（inter-integrated circuit，I2C）、控制器局域网（controller area network，CAN）、USB 等。

4）支持多种编程语言，包括 C 语言、C++语言等。

5）具有丰富的开发工具和开发平台，包括 Keil、IAR 等。

图 1.9 STM32 单片机

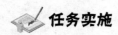 **任务实施**

　　根据任务描述，以小组为单位，每组 3～5 人，分组讨论任务实施方案。通过查阅资料或调研等方式，了解单片机的基本信息和性能参数，按照要求每组成员完成单片机的调研，编制常用的单片机调查表，完成任务实施，如表 1.1 所示。

表 1.1　常用的单片机调查表

团队成员：								调查时间：
序号	单片机型号	所属架构	生产厂商	主频	功耗	片内外设情况	其他特点	外形图片
1	AT89S52	8 位 CISC	ATMEL（Microchip）	33MHz	待机状态下，电流几微安至毫安级	4KB ROM，128B RAM，定时器/计数器，UART 等	兼容性强，支持外扩存储器，多种工作模式和封装形式	
2								
3								
4								
5								

（可添加更多产品）

调研总结

任务 1.2　体验基于单片机设计的城市智慧景观系统

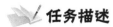

任务描述

通过任务 1.1 的学习，我们对单片机的相关概念及应用有了一定的了解。单片机时时刻刻运行着，在社会生活中发挥了巨大的作用，但因为一般用于深度嵌入式领域，多数情况下甚至感觉不到它的存在。那怎样才能够方便且直观地感受单片机的功能及作用呢？请利用提供的基于 STM32 设计的城市智慧景观系统的软件资源，结合对智慧城市景观系统的理解，通过 Keil5 和 Proteus 工具实现城市智慧景观系统的相关功能，并完成过程记录与总结报告。

任务资讯

1. 城市智慧景观系统概述

山城之光：重庆智慧夜景的科技之美

为了更好地理解城市智慧景观系统，首先了解城市景观的相关概念。城市景观从要素上包括城市的自然景观和人工景观，其中自然景观要素主要是指自然风景，如古树名木、河流、湖泊等，人工景观主要有文物古迹、园林绿化、商贸集市、建构筑物、广场等。基于城市景观的要求，城市景观的系统有多种形式，包括标志性景观系统、道路景观系统、城市区域景观系统。标志性景观是指风格和造型具有"唯一"的特性，且比较著名、能代表城市的建筑景观，如北京的天安门、重庆的解放碑。道路景观系统是指人们在道路中移动，获得对城市的感知，道路不仅是景观的连接通道，它也是景观之间联系的视觉通道。例如，黄浦江把上海分成东、西两部分，长江和嘉陵江把重庆分为两江四岸。城市区域景观是由不同的景观单元组成的区域空间，如重庆的洪崖洞，把建筑、美食组合在一起；城市的体育公园，把美景、运动融为一体。

城市智慧景观系统是城市景观的智能化与智慧化体现，是一个综合性的概念。城市智慧景观系统主要运用各种现代信息技术对城市景观进行智能化与智慧化的控制与呈现，以此来优化和提升城市景观的质量和功能。智慧景观系统不仅强调技术因素，还强调管理因素。它是科学管理理论和现代信息技术高度集成的产物，通过运用现代信息技术，如数字技术，实现景观的可视化管理和智能化运营。这样的系统能对环境、社会、经济三大方面进行更透彻的感知、更广泛的互联互通和更深入的智能化。

城市智慧景观系统是一个基于物联网、大数据、云计算技术的全新生态环境，通常包括智能照明、夜景亮化、设备监控、环境监控等子系统。整个系统从架构上包括监控中心、云平台、控制器和各种传感器等，其系统架构示意图如图 1.10 所示。

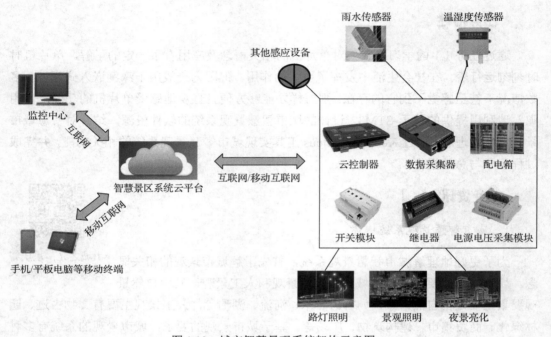

图 1.10 城市智慧景观系统架构示意图

2. STM32 简介

STM32 型号背后的故事：深入剖析命名规则与特性匹配

STM32，从字面上来理解，ST 是意法半导体公司，M 理解为微控制器，32 表示 32 位，合起来理解，STM32 就是基于 ST 公司开发的 32 位微控制器，由于采用了 ARM Cortex-M 内核，因此其中断响应速度得到了大幅提升。此外，由于 ST 公司提供了大量的固件库，其开发流程得到了简化，因此 STM32 系列微控制器得到了广泛关注。

STM32 系列单片机按内核架构不同又可以分为不同产品：主流产品（STM32F0、STM32F1、STM32F3）、超低功耗产品（STM32L0、STM32L1、STM32L4、STM32L4+）、高性能产品（STM32F2、STM32F4、STM32F7、STM32H7）。STM 系列单片机型号的具体含义如图 1.11 所示。

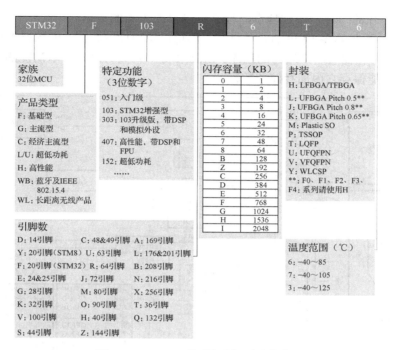

图 1.11　STM32 系列单片机型号的含义

STM32F103R6T6 名称的含义如表 1.2 所示。

表 1.2　STM32F103R6T6 名称的含义

序号	符号	含义
1	ST	意法半导体
2	M	微控制器
3	32	处理器为 32 位
4	F	基础型
5	103	增强型
6	R	64 引脚
7	6	32KB 闪存
8	T	LQFP 封装
9	6	工业级温度范围，-40～85℃

STM32 的内部结构如图 1.12 所示。

STM32 的内部结构可以划分为 3 部分进行理解。

区域 1 主要包括 Cortex-M3 内核、ICode 总线、DCode 总线、System 总线、闪存和 SRAM。ICode 总线连接内核和闪存接口，指令程序的预取在该总线上完成。DCode 总线连接内核并通过总线矩阵连接闪存接口，如常量和调试参数等数据在该总线上加载完成。

走进 STM32：内部结构全解析

闪存是存储芯片的一种，通过特定的程序可以修改里面的数据。闪存结合了 ROM 和 RAM 的优点，不仅具备 EEPROM 的性能，还可以快速读取数据，使数据不会因为断电而丢失。闪存中存储着用户编写的程序。SRAM 是一种具有静止存取功能的内存，不需要刷新电路就能保存它内部存储的数据。

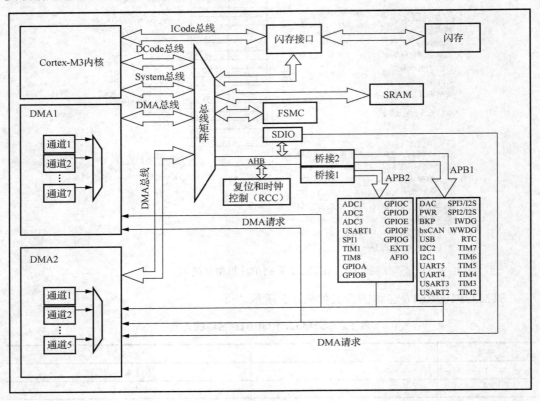

图 1.12　STM32 的内部结构

区域 2 主要包括 DMA1、DMA2、直接内存访问（direct memory access，DMA）总线及总线矩阵。DMA 可理解为内核 CPU 的小秘书，若有一些大量搬运数据的工作，则为了减少 CPU 的工作量以给其他工作腾出时间，就会将这些工作交给 DMA 来做。

区域 3 主要包括先进高性能总线（advanced high performance bus，AHB）、桥接、先进外设总线（advanced peripheral bus，APB）、可变静态存储控制器（flexible static memory controller，FSMC）和安全数字输入输出（secure digital input output，SDIO）接口。AHB 主要用于高性能模块的连接。桥接 1 和桥接 2 在 AHB 和 2 个 APB 总线之间提供同步连接，APB1 操作速度限于 36MHz，APB2 操作速度全速。APB1 和 APB2 是一种外设总线，主要用于低带宽的周边外设之间的连接，上面挂载着 STM32 各种各样的特色外设，通用输入/输出（general purpose input/output，GPIO）、串口、I2C、SPI 等外设就挂载在这两条总线上，这是学习 STM32 的重点。FSMC 能够与同步或异步存储器和 16 位 PC 存储器卡连接。SDIO 接口通常被用于连接各种外设。

3. Keil5 的安装及使用

一键启动：零基础快速搭建 Keil 开发环境实操教程

Keil5（Keil μVision 5）是一款嵌入式软件开发工具，由德国公司 Keil Software 开发。它提供了一个集成开发环境（integrated development environment，IDE），包括编译器、调试器和仿真器等组件，可用于开发各种基于 ARM 架构的嵌入式系统。Keil5 具有多方面的优点和特点，受到了广大开发者的应用和喜爱，具体包括：①支持多种编程语言，包括 C 语言、C++语言、汇编语言等，可以满足不同开发者的需求；②提供了强大的调试功能，包括单步执行、断点调试、变量监视等，可以帮助开发者快速定位和解决问题；③支持多种硬件平台，包括各种基于 ARM 处理器的芯片，如 STM32、NXP LPC 等；④提供了丰富的文档和示例代码，易于学习和使用。此外，Keil5 还提供了模拟器和仿真器等工具，方便开发者进行离线测试和仿真。本书所有项目中对单片机系统的软件开发均使用 Keil5。

（1）Keil5 的安装

首先要获取 Keil5 安装包，可以通过浏览器搜索下载，找到对应的版本号。当然，最方便的是直接找教师或其他开发工作者获取，这样在安装和使用时遇到问题可以直接问询。本书使用的详细版本是 MDK523，安装步骤如下。

步骤 1：双击 MDK523 安装包，开始安装，在打开的界面中单击"next"按钮进入下一步。

步骤 2：选中"I agree to all the terms of the preceding License Agreement"（我同意上述许可协议的所有条款）单选按钮，单击"next"按钮进入下一步。

步骤 3：选择安装路径，路径中不能带中文，单击"next"按钮进入下一步。

步骤 4：填写用户信息，包括用户名、公司及 E-mail 等，此处可以全部输入空格，单击"next"按钮进入下一步，即进入自动安装。

步骤 5：单击"Finish"按钮，安装完毕，桌面上会生成软件的快捷方式图标。

提示：此时，尽管 Keil5 安装完毕，但还不能正常使用，因为它没有自带厂商的 MCU 型号，需要下载包文件并进行安装。因为本书使用的是 STM32F1 系列，所以直接到 Keil 官网找到 STM32F1 系列包文件并进行下载即可。双击下载好的包，选择与 Keil5 一样的安装路径，安装成功后，在 Keil5 的 Pack Installer（包安装程序）中就可以看到安装的包，这样以后新建工程时，就可以选择单片机的型号了。

（2）Keil5 工具的使用

双击 μVision5 的快捷方式图标，进入启动画面，打开 μVision5 软件的主界面，如图 1.13 所示。

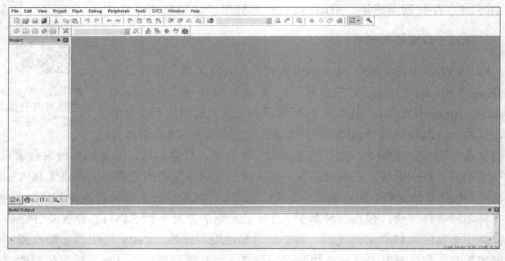

图 1.13　μVision5 软件的主界面

Keil5 工具在具体使用过程中，主要包括工程文件的创建与设置、源程序文件的创建与编写，以及项目程序的编译、链接与调试等。

1）工程文件的创建与设置。在利用 Keil5 进行单片机开发的过程中，工程文件是基于相关管理的思想而设计的，它是用来组织和管理开发过程中涉及的源代码文件、头文件、库文件和配置文件等众多相关文件及这些文件编译、链接规则的集合。工程文件为开发人员提供了从源代码编写、编译构建到最后调试部署的一站式解决方案，极大地提高了开发效率和项目管理的便利性。因此，在进行开发时首先需要创建一个工程文件。

创建工程文件时，在 Keil5 软件主界面选择“Project”→“New μVision Project”选项，如图 1.14（a）所示，打开“Great New Project”对话框［图 1.14（b）］，在“文件名”文本框中输入工程名，如“LED”，“保存类型”默认为“*.uvproj”，且不可更改。本项目主要是为了实现点亮一个 LED 灯。

生成工程文件后将打开图 1.14（c）所示的对话框，找到项目开发中实际用到的单片机型号，本书选用的单片机型号是 STM32F103R6，然后单击“OK”按钮，打开运行环境（Manage runtime environment，RTE）界面，如图 1.14（d）所示，在该界面中选择用到的相关资源，本项目中主要用到了 GPIO 口，所以在该界面至少选择 CMSIS 的 CORE 和 Device 的 Startup、GPIO 及 StdPeriph Drivers 中的 GPIO，然后单击“OK”按钮确认，即完成了一个项目文件的创建，如图 1.14（e）所示。

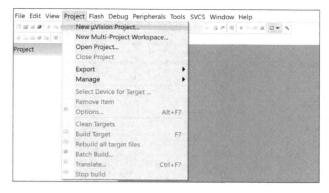

（a）从菜单栏选择新建项目

（b）选择工程文件的存放路径并设置工程名称

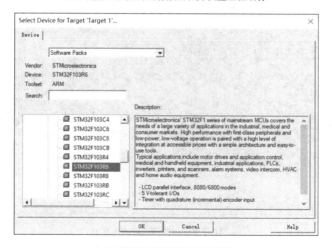

（c）选择项目使用的单片机型号

图 1.14　工程文件的创建

（d）运行环境界面

（e）工程文件创建完成后的主界面

图 1.14（续）

工程文件创建完成后，可以通过工程设置界面完成工程的基本设置。打开该界面的方法有两种，一种是单击主界面上的"Target Options"按钮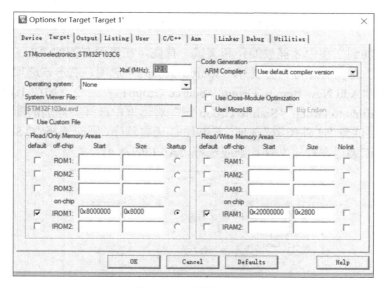；另一种是选择"Project"→"Options for Target 'Target 1'"选项。在打开的图 1.15 所示的"Options for Target 'Target 1'"对话框中有多个选项卡可用于工程设置。"Target"选项卡主要用于设置与目标硬件相关的参数，包括晶振频率、内存模型、代码生成器、调试选项和输出选项等内容。"Device"选项卡主要用于选择和配置目标单片机的具体参数，包括单片机型号、存储器配置、外设配置、启动配置、中断配置等内容。"Output"选项卡主要用于配置编译和链接过程中生成的输出文件的参数，具体包括输出路径、输出文件名、输出格式、创建 Hex 文件等内容。这些设置需要在项目的实际开发过程中慢慢去理解和掌握。

图 1.15　工程设置界面

2）源程序文件的创建与编写。建立空的工程项目后，需要将源程序加入工程中进行编译链接，以生成目标文件，目标文件下载到单片机的程序存储器后，单片机才能运行该程序。因此，源程序文件中包含了程序的主要逻辑和功能实现。因此，首先需要创建一个源程序文件。

创建源程序文件时，选择"File"→"New"选项，打开一个名为"Text1"的文档编辑窗口，如图 1.16（a）所示。之后，选择"File"→"Save"选项，在打开的"Save As"对话框［图 1.16（b）］中选择文件保存路径和设置文件名。汇编语言程序文件和 C 语言程序文件的扩展名分别为".asm"和".c"。

（a）创建源程序文件 （b）保存源程序文件

图 1.16 创建和保存源程序文件

源程序添加到工程中才能被编译和调试。首先，在界面左侧的"Project"区域中，单击"Target1"左侧的加号，会展开"Source Group1"选项，右击该选项，在弹出的快捷菜单中选择"Add New Item to Group 'Source Group1'"命令，如图 1.17 所示，并在打开的"Add Files to Group 'Source Group 1'"对话框中选择要添加的源程序文件。添加文件时，需要注意"文件类型"选项，若添加 C 语言程序，则应选择"C Source file(*.c)"类型；若添加汇编语言程序文件，则应选择"All Files(*.*)"类型。

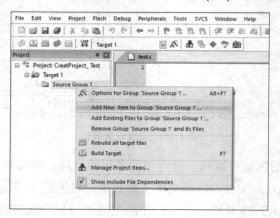

图 1.17 加入源程序文件到工程中

3）项目程序的编译、链接与调试。将源程序加入工程后，必须生成可执行的目标文件，并将其下载到单片机的程序存储器中，该程序才能执行。在这之前，必须保证程序没有基本的语法错误，在 μVision5 中，可以通过编译功能查找程序中的语法错误，通过生成目标文件功能或重建目标文件功能将没有语法错误的源程序转换为 HEX 格式的目标文件。需要特别强调的是，若没有编译错误的程序不能产生预期的运行结果，则意味着程序中存在逻辑错误，此时可以利用调试"Debug"功能查找和修正错误。编译、链接和调试的功能按钮如图 1.18 所示。

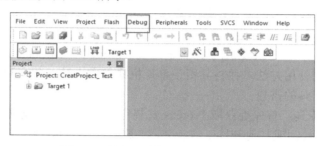

图 1.18 编译、链接和调试的功能按钮

源程序写好后，单击"Translate"编译按钮进行编译时，若程序没有语法错误，则"Build Output"窗口的输出信息为："test.c - 0 Error(s), 0 Warning(s)"，则表示"test.c"文件中有 0 个错误和 0 个警告；若程序中存在基本语法错误，则会在"Build Output"窗口输出错误提示信息，针对错误信息进行修改和完善，直到编译时无错误信息。警告信息是程序中不严重的小问题，不影响目标文件的生成。但是最好消除所有的警告，因为警告类的小问题可能会导致潜在的、不易发现的严重问题。

另外，编译不能产生目标文件，若要生成目标文件，则还需在编译的基础上进行链接操作。此时就需要单击"Build"按钮，它可以直接完成对源程序的编译和链接，并生成目标文件。单击"Rebuild"按钮也可以完成编译和链接操作。"Build"与"Rebuild"的区别是，"Build"仅编译和链接新的源程序文件或源程序文件中被修改的部分，而"Rebuild"将重新编译和链接源程序文件。

程序由若干行指令构成，当其无法完成预期任务时，程序员就需要确定程序中的哪一行指令出现了问题，此时需要调试程序，即跟踪和分析程序执行的结果。在调试过程中，可以执行一行、几行或一段指令后停下来查看寄存器、变量或存储单元的值。这部分操作是很复杂且比较难的，需要不断地积累经验，这里不再详细介绍，具体操作可以在后面每个章节的具体项目操作时进行体验和学习。

4. Proteus 工具的搭建及使用

Proteus 虚拟仿真软件由英国 Labcenter 公司开发，是一款强大的电子设计与仿真软件，广泛应用于电子工程领域。它集成了电路设计、微控制器编程和 3D 模型仿真等功能，为用户提供了一个完整的电子系统开发环境。Proteus 支持多种元器件库，包括各种传感器、执行器、微控制器等，方便用户进行电路设计和仿真。同时，它还支持多种编程语言，如 C、C++等，方便用户进行微控制器编程。

一键启动：零基础快速搭建 Proteus 开发环境实操教程

通过 Proteus，用户可以快速搭建和仿真电子系统，进行电路分析和优化，提高设计效率。此外，Proteus 还提供了丰富的虚拟仪器和测试工具，帮助用户进行电路测试和调试。总之，Proteus 是一款功能强大、易于使用的电子设计与仿真软件，为电子工程师提供了极大的便利和支持。

Proteus 软件主要由智能原理图输入系统（intelligent schematic input system，ISIS）和高级布线编辑器（advanced routing and editing software，ARES）两部分构成，其中 ISIS 用于电路图设计和仿真，ARES 用于印制电路板（printed circuit board，PCB）设计。本书主要介绍 ISIS 的使用方法，并将其用于单片机系统的设计、仿真和调试。

（1）Proteus 工具的搭建

搭建 Proteus 工具，首先要获取 Proteus 安装包，可以通过浏览器搜索下载。当然，最方便的是直接找教师或其他开发工作者获取，这样在安装和使用时遇到问题可以直接问询。本书使用的详细版本是 Proteus 8.15，其安装步骤如下。

步骤 1：双击 Proteus 8.15 安装包，在打开的界面中单击"Next"按钮，进入下一步。

步骤 2：选中"I accept the terms of this agreement"单选按钮，单击"Next"按钮，进入下一步。

步骤 3：选择安装类型，通常选择"Custom"，单击"Next"按钮，进入下一步。

步骤 4：接下来进入自动安装的步骤，安装完成后界面会显示成功安装。

安装成功后，桌面上会有相应的快捷方式图标。

（2）Proteus 的使用

双击 Proteus 快捷方式图标，进入启动界面，打开 Proteus 软件的主界面，如图 1.19 所示。

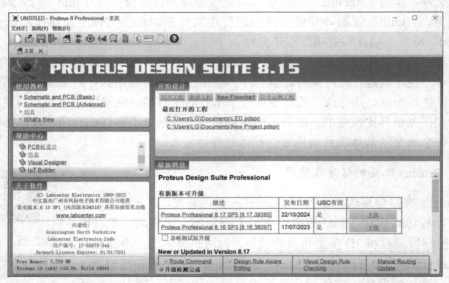

图 1.19　Proteus 8 软件的主界面

本项目以点亮 1 个 LED 灯为例，讲解 Proteus 的使用。点亮 1 个 LED 的项目的电路原理示意图如图 1.20 所示，微控制器可以通过 GPIO 口点亮或熄灭 LED 灯。

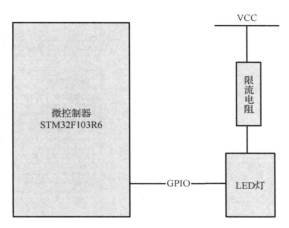

图 1.20　点亮 1 个 LED 灯的电路原理示意图

整个过程包括创建工程文件、从库文件加载元器件、设置元器件参数、添加及配置电源、加载 Hex 文件运行等步骤。

1）创建工程文件。

步骤 1：在菜单栏中选择相应的新建工程选项，或单击工具栏中的"新建工程"按钮，在打开的"新建工程向导"对话框中输入工程的名称和保存的路径，然后单击"Next"按钮进入下一步，如图 1.21 所示。

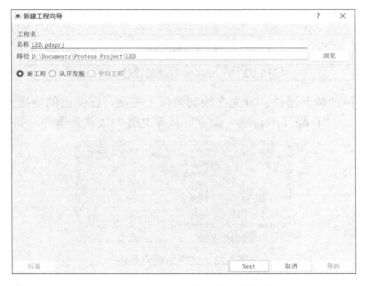

图 1.21　输入项目名称和选择保存路径

步骤 2：在打开的界面中选择默认的配置即可，最终生成工程文件。过程界面如图 1.22 所示。

（a）从选中的模板中创建原理图　　　　（b）不创建 PCB 布板设计

（c）没有固件项目

图 1.22　Proteus 安装及配置过程界面

2）从库文件加载元器件。首先在绘制面板上右击，在弹出的快捷菜单中选择"放置"→"元件"→"From Libraries"命令，从库文件中加载元器件，如图 1.23 所示。

图 1.23　选择加载元器件

本项目涉及 1 个 STM32F103R6 单片机、1 个 LED 灯和 1 个限流电阻器，因此在打开的"Pick Devices"对话框的"Keywords"文本框中输入"STM32"，在右侧的搜索结果中选择具体型号 STM32F103R6，如图 1.24 所示，然后单击"确定"按钮，再在面板空白处单击，即可把该元器件放置到面板中。

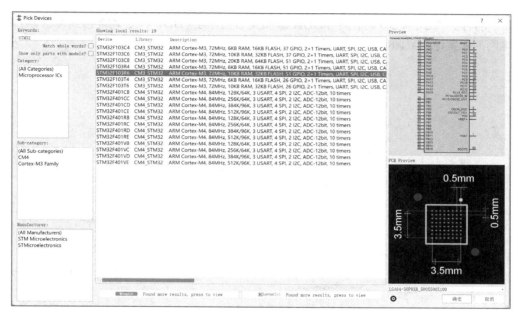

图 1.24　添加 STM32 单片机

再在库中依次以 LED、RES 为关键词搜索并添加 LED 灯和电阻器。为方便观察，建议 LED 选择 YELLOW（黄色），然后将它们连接到单片机的 PA2 引脚上。

3）设置元器件参数。设置元器件参数只需要双击对应的元器件就可以进入相应的设置界面。本项目中，电阻器的阻值默认是 10kΩ，这将导致流经 LED 的电流过小，发光不明显。双击此图标，将阻值改为 100Ω。

4）添加及配置电源。选择快捷菜单中的"放置"→"终端"→"POWER"命令，添加电源，并连接至 100Ω 的限流电阻器，如图 1.25 所示。

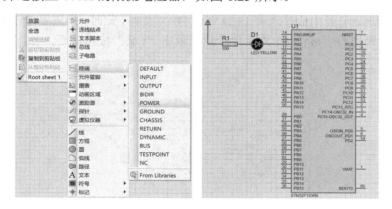

图 1.25　添加电源并连接至限流电阻

选择菜单栏中的"设计"→"配置供电网"选项，打开"电源线配置"对话框，在"电源供应"名称为 GND 时，将 VSSA 添加到右侧，与 VSS 均连接到 GND；在"电源供应"名称为 VCC/VDD 时，将 VDDA 添加到右侧，与 VDD、VCC 均连接到 VCC/VDD。供电网的配置过程界面如图 1.26 所示。

（a）选择"配置供电网"选项

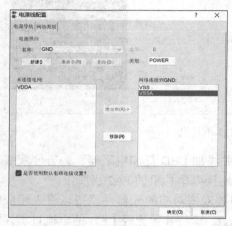

（b）GND 配置

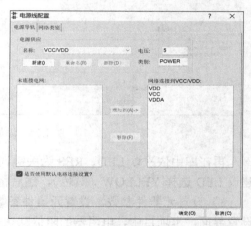

（c）VCC/VDD 配置

图 1.26　供电网的配置过程界面

5）加载 HEX 文件运行。为了让电路能够正常运行，需要加载相应的程序文件。讲解 Keil 的使用时，已经生成了点亮 LED 灯的 HEX 文件，此时，只需要单击单片机器件，并在对应的位置加载生成的 HEX 文件，然后单击"OK"按钮即可，如图 1.27 所示。

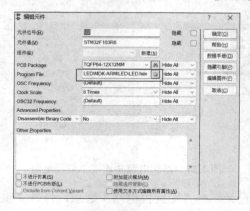

图 1.27　加载 HEX 文件

然后单击窗口左下角的"运行"按钮▶，电路图中的 LED 灯变成黄色，LED 灯成功点亮。

5. 城市智慧景观系统功能体验

（1）基于单片机设计的城市智慧景观系统的结构和功能

本书围绕系统中应用到单片机的核心部分进行提炼并重点介绍，具体包括智慧景观灯光控制系统、智慧景观定时控制系统、智慧景观电源电压采集系统和智慧景观环境温湿度数据采集系统。

基于单片机设计的城市智慧景观系统功能体验

1）智慧景观灯光控制系统主要是对城市景观中的灯光进行控制，这在城市景观的景观照明、夜景亮化等场景中的应用较多。该系统通过按键来模拟现实生活中的各种开关，对灯光进行控制；通过 LED 灯组来代表不同颜色、不同类型的灯具，呈现不同的灯光效果；系统主要用的单片机资源是 GPIO 口。

智慧景观灯光控制系统包括按键和 LED 灯组等组件，核心功能是通过按键实现对 LED 灯组的控制，部分核心功能如下。

① 单个 LED 实现闪烁效果。

② 通过单个按键控制 LED。按下按键后，对应的 LED 点亮；松开按键后，对应的 LED 熄灭。

③ 基于 LED 灯组实现流水灯效果，可通过按键控制流水灯效果。

2）智慧景观定时控制系统主要是对城市景观中的音乐、显示屏、路灯等进行预约提醒和控制，这在城市景观的公园广播或背景音乐、景观喷泉的定时打开或关闭，城市广告屏的节日祝福等场景中的应用较多。该系统通过数码管将定时等相关信息展示出来；广播或者景观喷泉通常涉及动力系统的控制，此处就通过电动机来进行代替；通过呼吸灯来体现一些祝福语或者灯光的渐变信号控制；同时，通过独立按键可实现对电动机转速、转向的控制。

智慧景观定时控制系统包括独立按键、LED 呼吸灯、数码管及电动机等组件，通过微控制器内部定时器实现对 LED 呼吸灯或电动机的控制，并通过时钟显示器进行相关信息显示，部分功能如下。

① 数码管显示定时控制的时间参数。

② 具备按键控制两个直流电动机起停的功能。

③ 具备按键控制其电动机速度的功能，有多个速度挡位。

3）智慧景观电源电压采集系统体现在对城市景观系统中各机电设备的能耗监控方面，包括灯具、配电箱等的功率和能耗监测。该系统通过锂离子电池来表示各种机电设备电源的相关信息；LCD 显示屏用于显示机电设备能耗监测结果；蜂鸣器主要用于模拟预警报警设备。

智慧景观电源电压采集系统包括锂离子电池、液晶显示器和蜂鸣器等组件，采集锂离子电池的电压电流，并通过液晶显示器显示，当电池出现欠电压等情况时，通过蜂鸣器报警，部分核心功能如下。

① 实时采集锂电池电压，变化范围为 3～4.2V。

② 采集到的电压在液晶显示器上进行显示，数据显示的更新周期为 1s。

③ 锂电池电压低于 3.3V 时，液晶显示器额外显示提示信息，并接通蜂鸣器电路发声报警。

4）智慧景观环境温湿度数据采集系统主要采集环境中的光照、温湿度、雨水雨量等环境参数。该系统用到了温湿度传感器，通过对温湿度传感器的数据采集来表示对环境参数的采集过程；采集的结果会传输到上位机设备、移动终端等，此处通过虚拟终端来模拟该功能；OLED 显示屏显示监测结果；蜂鸣器和报警灯对监控的相关结果进行报警或预警。

智慧景观环境数据采集系统包括温湿度传感器、虚拟终端、蜂鸣器和液晶显示器。其中，温湿度传感器用于感知环境温湿度，并将结果传送到虚拟终端。部分核心功能如下。

① 温湿度传感器每分钟定时采集一次环境中的温度和湿度数据。

② 微控制器接收来自传感器的数据，并进行初步的处理和存储。

③ 液晶显示器实时显示当前的温湿度数据和报警状态。

④ 当温度数据和湿度数据发生变化时，UART 串口发送温湿度数据到虚拟终端。

⑤ 当温度或湿度数据超过设定的阈值时，蜂鸣器发出报警，且报警信息会发送至虚拟终端。

基于单片机设计的城市智慧景观系统的结构图示意图如图 1.28 所示。

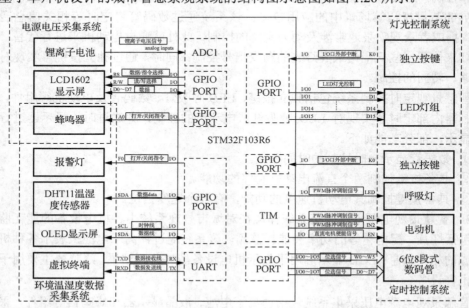

图 1.28　基于单片机设计的城市智慧景观系统结构示意图

（2）基于单片机设计的城市智慧景观系统的电路设计

利用已经安装好的 Proteus 工具，结合城市智慧景观系统的结构示意图，设计并绘制参考电路图，如图 1.29 所示。图 1.29 中包含了城市智慧景观系统的 4 大功能模块，项目 2～项目 5 中分别对 4 大功能模块进行介绍。通过对项目 2～项目 5 的学习，将会掌握 STM32 单片机的 GPIO 口、定时器、ADC 和 UART 等内部和外部资源的应用，进而达到自行设计城市智慧景观系统电路图及相应的程序编写的目的。

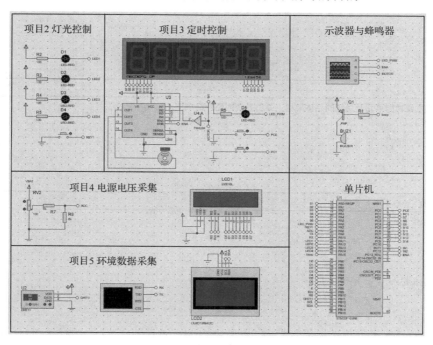

图 1.29 基于单片机设计的城市智慧景观系统电路图

在该电路图中，通过右下角的 4 个按键和 4 个 LED-RED 灯模拟智慧景观灯光系统，如景区照明灯的打开关闭或变化控制等功能；通过右上角的按键、直流电动机和数字示波器来模拟智慧景观定时控制系统，如定时控制景区的音乐喷泉灯功能；通过左上角的 LCD、RV2 滑动变阻器和蜂鸣器等模拟智慧景观电源电压采集系统，如电压实时显示及欠电压报警等功能；通过左下角的 LCD、温湿度传感器、虚拟终端等模拟智慧景观环境数据采集系统，如温湿度数据的实时采集与显示、数据传输上位机等功能。

将基于城市智慧景观系统的功能所设计的程序编译生成的 HEX 文件，加载至该电路图，即可体验该系统的各项功能。

任务实施

根据任务描述，以小组为单位，每组 3～5 人，结合图 1.29 及本书提供的对应的电路图、程序工程文件，通过 Keil 加载程序工程文件并生成 HEX 文件，同时利用 Proteus 绘制电路图、加载 HEX 文件运行，体验城市智慧景观系统的功能并记录现象，然后完成表 1.3 所示的任务实训报告。

表 1.3　体验基于单片机设计的城市智慧景观系统任务实训报告

任务描述
1. 城市智慧景观系统的整体描述。
2. 内容描述。
实训准备
分析系统的主要功能单元及系统的整体架构，画出系统的硬件组成框图。
任务实施
1. 任务实施步骤。
2. 功能及现象记录。
总结与提高
请总结本次任务的兴趣点、成就点和疑虑点。 兴趣点： 成就点： 疑虑点：

考核与评价

1. 自我评价

个人签字：　　　　　　　日期：

2. 组长评价

组长签字：　　　　　　　日期：

3. 教师评价

教师签字：　　　　　　　日期：

项目 2 智慧景观灯光控制系统——GPIO 应用

 项目目标

通过本项目的学习，学生理解相关知识之后，应达成以下目标。

知识目标
1）理解嵌入式系统中的智能灯光控制原理和应用场景。
2）掌握 STM32 单片机中 GPIO 的配置和应用。
3）理解智能景观灯光控制系统中各部件的工作原理和相互连接方式。

能力目标
1）能设计并实现基于 STM32 的智慧景观灯光控制系统，包括按键、灯光控制等功能。
2）能利用 STM32 单片机中 GPIO 等功能模块实现灯光效果的精确控制。
3）能利用按键实现智能化的灯光控制。
4）能进行系统调试和故障排查，保证系统正常运行。

素质目标
1）培养学生的创新思维和实践能力，让他们能够将所学知识应用到实际项目中。
2）提高学生的问题解决能力和团队合作意识，培养学生解决复杂工程问题的能力。
3）培养学生对智能控制系统的兴趣，激发他们对未来科技发展的探索和追求。

 导入案例

洪崖洞是重庆颇具特色的景点之一，以独特的建筑风格和美丽的夜景吸引了众多游客。洪崖洞的景观灯光设计充分体现了现代科技与艺术相结合的魅力，不仅考虑了美观性，还充分考虑了环保和节能。采用先进的智慧景观灯光控制系统，可以根据需要自动调节亮度和开关时间，减少能源消耗。同时，还采用了以 LED 为主的高效节能光源，进一步降低了能源消耗。

任务 2.1 系统方案设计

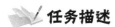 **任务描述**

假如你是一名单片机工程师，需要基于 STM32F103R6 单片机进行智慧景观灯光控制系统的开发，要求实现通过按键控制 LED 灯。请你调研灯光控制系统按键和 LED 的资料，完成一份按键和 LED 灯的选型表。需要明确 3 个以上的具体型号、参数，以及使用在本场景的优缺点。

任务资讯

1. 系统总体组成结构及功能

智慧景观灯光控制系统的 GPIO 模块的总体组成结构及功能可以分为以下几个部分。

智慧景观灯光控制系统的 GPIO 结构

（1）主控制模块（STM32 单片机）

功能：负责整个系统的控制和协调，接收按键数据并根据预设算法控制 LED。

具体功能：GPIO 配置、中断处理、数据处理等。

（2）LED 灯光模块

功能：实现 LED 灯的亮灭，实现灯光效果。

具体功能：使用按键控制 LED 灯的亮度，控制 RGB LED 实现多彩灯光效果。

（3）电源模块

功能：提供系统所需的稳定电源，满足 LED 灯和单片机的工作需求。

（4）用户交互模块

功能：提供用户与系统交互的接口，通过按键进行设置和控制。

具体功能：设置灯光模式、亮灭等参数。

（5）通信模块（可选）

功能：实现系统与外设或网络的数据通信。

具体功能：可以添加 WiFi 模块或蓝牙模块，实现远程控制或监控功能。

在智慧景观灯光控制系统中，最基础的单元就是单片机通过 GPIO 接收按键信号，并通过 GPIO 将控制信号输出到 LED，实现对灯光的控制，按键和 LED 的数量和功能根据系统的功能而定，如图 2.1 所示。

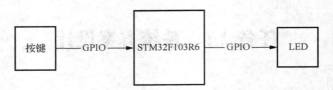

图 2.1　智慧景观灯光控制系统的 GPIO 总体组成结构

2．外围元器件介绍

智慧景观灯光控制系统涉及的外围器件主要包括按键和 LED，下面分别进行介绍。

（1）按键

按键概述

按键是什么呢？其本质就是一种电子开关，使用时轻轻按开关就可以使开关接通或断开，从而控制电路通断。在单片机应用领域，按键通常作为输入用来触发某些操作，如启动或停止某个设备。

按键在技术和类型上经历了以下发展。

1）按键的发展历程。

① 机械式按键：传统按键主要采用机械结构设计，包括薄膜按键、导电橡胶按键、金属弹片按键等，如图 2.2 所示。通过按下按键使电路闭合或断开实现信号传输。

● 薄膜按键：由多层薄膜材料叠加而成，当按键被按下时，上下两层导电材料接触形成通路。

● 导电橡胶按键：使用导电橡胶材料制成，按压时触点间的电阻发生变化，从而产生电信号变化。

● 金属弹片按键：内部有金属弹簧片，在按压后产生形变并触发开关动作。

（a）薄膜按键　　　　　　　（b）导电橡胶按键　　　　　　（c）金属弹片按键

图 2.2　典型的机械式按键

② 电容式按键：随着技术的发展，电容式按键开始广泛应用，尤其是移动设备和家电产品中。电容式按键（图 2.3）不依赖于物理接触来生成信号，而是利用人体与传感器间形成的电容变化来检测按键操作。

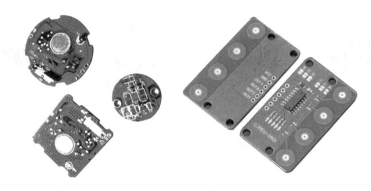

图 2.3　电容式按键

③ 霍尔效应按键：利用磁场变化检测按键动作，常用于无触点的防水防尘设备中。

④ 光学按键：通过遮挡或反射光线感知按键状态，这类按键具有长使用寿命和高可靠性的特点，如图 2.4 所示。

图 2.4　光学按键

⑤ 压力感应按键：可以根据用户的按压力度执行不同的功能，如苹果手机中的 3D Touch（三维触控）技术。

2）类型。

● 独立按键：单个实体按键，如计算机键盘上的字母键、数字键等。

● 矩阵按键：多个按键排列成行列形式，通过行线和列线交叉扫描识别具体按键。

● 滑动开关/拨码开关：用于选择固定几个状态，常用于模式切换或设置。

● 触摸按键：表面无机械运动部件，可集成到面板中，提供更美观且耐用的设计，如电容触摸按键板。

常用按键类型如图 2.5 所示。

（a）独立按键　　　（b）矩阵按键　　　（c）滑动开关/拨码开关　　　（d）触摸按键

图 2.5　常用按键类型

3）封装形式。

- 双列直插封装（dual in-line package，DIP）：早期电子元器件常用的封装形式，适合手工焊接和替换。
- 表面贴装器件封装（surface mount device packaging，SMDP）：现代电子产品中广泛使用的表面贴装器件封装方式，便于自动化生产组装。
- 板上芯片封装（chip-on-board packaging，COBP）：将按键直接焊接到 PCB 上，适用于体积紧凑的产品。

常用按键封装如图 2.6 所示。

（a）DIP　　　　　　（b）SMDP　　　　　　（c）COBP

图 2.6　常用按键封装

随着科技的进步，按键不仅在性能上不断优化，还在形态和交互方式上发生了显著改变，如从实体按键向虚拟按键、触摸感应和手势识别等新型交互方式转变。

4）按键消抖。

① 按键抖动。在单片机控制系统中，按键模块的设计不仅关乎系统的可靠性，还直接影响用户体验。然而，由于物理机械特性，按键在闭合与断开瞬间会产生一种被称为"抖动"的现象，这会对单片机的稳定识别造成干扰。

② 按键抖动的原理。按键抖动是指当按键被按下或释放时，由于机械触点的弹性作用，会在短时间内产生一系列快速且无规律的闭合与断开状态变化。这种现象可能导致单片机误读按键状态，出现多次按键响应或无响应的情况。

③ 消除按键抖动的方法。消除按键抖动通常有两种方法：硬件方法和软件方法。

- 硬件方法。去抖动电路：通过添加 RC 滤波电路或去抖动芯片，利用电容器的充放电特性来延长信号的过渡时间，从而过滤掉抖动信号。这种方法的成本稍高，但能有效减轻软件负担。

● 软件方法。软件方法更为常见，主要分为以下几种策略。

延时法：检测到按键被按下后，执行一段延时（如 5~10ms），再次判断按键状态。如果仍为按下状态，则确认为有效按键，流程图如图 2.7 所示。释放时同样处理，流程图如图 2.8 所示。

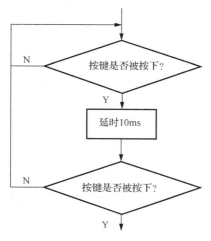
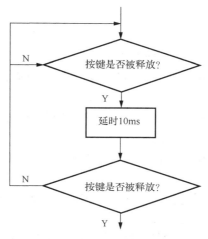

图 2.7　按键按下消抖流程图　　　　　　　图 2.8　按键释放消抖流程图

状态检测法（又称"双读取法"）：连续两次或两次以上读取按键状态，确保连续两次读取的结果一致才认为是有效状态变更。

定时器法：利用单片机内部或外部定时器，设置定时周期，等待抖动结束后再进行按键状态的判断。

状态机法：设计一个状态机，通过有限状态转移来处理按键的按下、抖动、稳定按下、释放、释放后抖动等状态，确保只在稳定状态下响应按键事件。

以下是一个简单的 C 语言示例，展示了如何使用延时法消除按键抖动。

```c
void key_scan(void)
{
    static uint8_t key_status = 0;    //按键状态变量
    uint8_t read_key;                 //读取按键状态

    read_key = PIND & (1 << PINB0);   //假设按键连接至 PINB0，则读取其状态

    //检测按键被按下
    if(read_key == 0 && key_status == 0) {
        _delay_ms(10); //等待去抖
        if(PIND & (1 << PINB0) == 0) { //再次检查，确认按下
            key_status = 1; //设置按键已按下标志
            //进行按键处理逻辑...
        }
    }
    //检测按键被释放
```

```
else if(read_key != 0 && key_status == 1) {
    _delay_ms(10); //同样去抖处理
    if (PIND & (1 << PINB0) != 0) {
        key_status = 0; //重置按键状态
        //可以在这里处理按键释放逻辑
    }
}
}
```

④ 实践注意事项。

● 选择合适的去抖动延时时间，需要根据实际使用的按键机械特性和系统性能进行调整。

● 软件去抖虽然实现简单，但在处理多个按键或高频率操作时会占用较多的 CPU 资源。

● 在设计复杂系统时，考虑采用硬件去抖或更高效的软件算法以提升系统的响应速度和稳定性。

通过上述方法和示例，开发者可以有效地解决按键抖动问题，保证单片机系统稳定可靠地处理按键输入。

5）典型按键应用。在单片机应用中，按键通常需要与电路进行连接，以实现按键的功能。按键的电路设计需要考虑以下几个方面。

① 按键的接口电平：按键通常需要与单片机的 I/O 接口相连，因此需要确定按键的接口电平，即按下按键时的电平状态是高电平还是低电平。

② 按键的消抖设计：由于按键的机械结构，按键按下和释放时可能会产生抖动，因此需要对按键进行消抖设计，以确保按键信号的稳定性。

③ 按键的连接方式：按键可以采用串联或并联的方式与电路相连。串联连接可以节省 I/O 接口资源，但需要注意按键的串联电阻会影响按键的响应速度；并联连接可以提高按键的响应速度，但需要消耗更多的 I/O 接口资源。

LED 简介

图 2.9 LED 的电气符号

（2）LED

LED 是一种半导体器件，工作原理与普通二极管一样，也是单向导通，导通后能够将电能转化为光能，它的电气符号如图 2.9 所示。LED 具有许多优点，包括高效、耐用、节能、使用寿命长等，因此在各领域广泛应用，如可用于指示灯、显示屏、照明等。LED 还具有单向导电性质，需要正确连接极性才能正常工作。

1）技术发展历程。

① 早期发现。1907 年，英国科学家亨利·约瑟夫·拉姆齐首次观察到电致发光现象。1927 年，苏联科学家奥列格·弗拉基米罗维奇·洛塞夫正式提出 LED 的工作理论，为后续的 LED 研究奠定了基础。1962 年，美国天文物理学家尼古拉斯·霍尔尼克等制

造出第一个实用的氮化镓（GaN）蓝光 LED。

② 颜色扩展。20 世纪 60 年代至 70 年代，LED 技术逐渐发展，不仅有红色 LED，还发展出绿色、黄色等颜色的 LED。20 世纪 90 年代后期至 21 世纪初，蓝色 LED 技术的突破使 LED 显示屏、照明等领域得以快速发展。

③ 高亮度与白光 LED。1994 年，日本三菱化学公司首次制造出高亮度蓝色 LED，开启了 LED 白光化的先机。随后，蓝光 LED 与荧光粉结合产生白光的技术被广泛应用，LED 照明市场迅速兴起。

④ 智能化与微型化。进入 21 世纪后，LED 技术逐渐智能化，包括可调光、色温调节、远程控制等功能的 LED 产品逐渐普及。同时，LED 在微型化方面也有重大突破，如微型 LED 显示屏、LED 背光源等应用不断涌现。如图 2.10 所示为色温可调 LED 和微型 LED 显示屏。

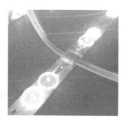 

（a）色温可调LED　　　　（b）微型LED显示屏

图 2.10　色温可调 LED 和微型 LED 显示屏

⑤ 未来趋势。LED 技术发展的主要趋势包括提高发光效率、降低成本、进一步智能化、拓展应用领域等。新型材料和结构的研究将推动 LED 技术的不断创新，如量子点 LED、柔性 LED 等将成为发展方向，如图 2.11 所示。

（a）量子点LED　　　　（b）柔性LED

图 2.11　量子点 LED 和柔性 LED

总的来说，LED 技术经过多年的发展，从最初的红色 LED 到如今的高亮度白光 LED，已经成为一种重要的光电器件，广泛应用于各个领域，并且在未来仍有很大的发展空间和潜力。

2）类型与封装。

① 通孔 LED（through-hole LED）：这种 LED 的引脚一般是直插式的，用于通过 PCB 上的孔穿插焊接。常见的封装尺寸有 3mm、5mm，其外形如图 2.12 所示。

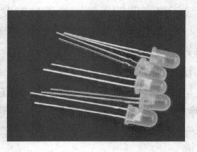

图 2.12　通孔 LED

② SMD LED：这种 LED 适用于表面安装技术，通常比传统的通孔 LED 小巧，更适合高密度的 PCB 设计。其常见的封装尺寸有 3528[①]、5050、2835，其外形如图 2.13 所示。

（a）3528　　　　（b）5050　　　　（c）2835

图 2.13　3528、5050 和 2835 SMD LED

③ COB LED：COB LED 是一种集成封装技术，将多个 LED 芯片集成到同一块基板上，具有较高的亮度和照明效果。COB LED 如图 2.14 所示。

图 2.14　COB LED

④ High Power LED：这类 LED 通常具有较高的功率和亮度，适用于需要高光输出的应用，如照明和汽车前照灯等。常见的封装形式有 SMD LED（如 3030、5050），贴片 LED（如 5630），其外形如图 2.15 所示。

① 3528 表示长 3.5mm，宽 2.8mm。

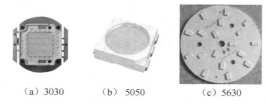

（a）3030　　　（b）5050　　　（c）5630

图 2.15　High Power LED

以上是一些常见的 LED 类型及其封装形式，不同的封装形式适用于不同的应用场景和需求。

具体选择时，应根据项目需求、亮度要求、颜色要求等因素进行综合考虑。在选择 LED 型号时，需要关注参数匹配、光电性能、色温、发光角度等因素，以确保选择的 LED 符合项目的要求，并且能够提供稳定可靠的发光效果。

3）LED 的连接。

① LED 的正负极可以通过以下几种方法来区分。

a．引脚长度：通常情况下，LED 的正极（阳极）会比负极（阴极）长一些。在一些 LED 组件上，正极可能还会有一个平头或凸起，以便于区分。

b．标记：有些 LED 在引脚上会有标记，如"+"或"A"表示正极，"–"或"K"表示负极。

c．凹凸：LED 的负极通常是扁平的或有一个凹陷，正极则是圆形的或有一个凸起。

d．透明度：如果 LED 是透明的，则可以通过观察内部结构来区分正负极。通常正极连接到较薄的片状结构，负极连接到较粗的结构。

e．数据表：如果有数据表可供参考，则数据表中通常会清楚地标明 LED 的引脚对应的正负极。

在连接 LED 时，正确区分 LED 的正负极非常重要，以避免损坏 LED 或其他电子元件。

② 正确连接 LED 到单片机开发板上的 GPIO 引脚时，需要遵循以下步骤。

a．确认极性：首先，确保已经正确识别 LED 的正负极。正极是长的引脚，也可以通过扁平面或凸起来识别，而负极是短的引脚。

b．选择 GPIO 引脚：选择一个想要连接 LED 的 GPIO 引脚。确保这个引脚可以被配置为输出模式，因为 LED 连接到 GPIO 引脚的目的是控制 LED 的亮灭状态。

c．使用限流电阻：为了保护 LED 不受过大电流的损害，通常需要在连接 LED 的正极和 GPIO 引脚之间串联一个适当大小的限流电阻。限流电阻的数值通常根据 LED 的额定电压和单片机输出引脚的电压来计算。

d．连接：将 LED 的正极通过限流电阻连接到选择的 GPIO 引脚，将 LED 的负极连接到单片机开发板上的地（GND）引脚。

e．编程控制：通过单片机的程序控制选定的 GPIO 引脚的输出状态来控制 LED 的亮灭。

在连接 LED 时应仔细检查每一步，以免 LED 逆接或短路。正确连接 LED 可以帮助用户顺利进行单片机开发，并实现对 LED 的控制。

③ 在单片机程序中，通过控制 GPIO 引脚输出高低电平来控制 LED 的亮灭状态通常涉及以下步骤。

a. 选择编程语言和开发环境：首先，选择合适的单片机编程语言（如 C、C++、Python 等）及相应的开发环境（如 Keil、IAR、Arduino IDE 等）。

b. 初始化引脚：在程序中，需要初始化用于控制 LED 的 GPIO 引脚，将其设置为输出模式。这一步可以通过特定的单片机的库函数或寄存器来实现。

c. 控制输出状态：通过程序代码控制 GPIO 引脚的输出状态来控制 LED 的亮灭状态。一般情况下，将 GPIO 引脚设置为高电平可以点亮 LED，将其设置为低电平可以熄灭 LED。

④ LED 作为一种高效、节能、使用寿命长的光源，在各种电子设备中有着广泛的应用，包括但不限于以下几个方面。

a. 指示灯：LED 在各种电子设备中被广泛用作指示灯，用于指示设备的工作状态，如电源开关、充电状态、网络连接状态等。LED 可以通过不同颜色和闪烁模式来传达不同的信息。

b. 显示屏：LED 被用于制造各种类型的显示屏，包括数码钟、计时器、室内外大屏幕显示，甚至在一些电子设备中作为动态显示器件使用，如 LED 显示屏广泛应用于户外广告牌、体育场馆、舞台背景等的显示系统中。

c. 照明：LED 照明已经逐渐取代传统的白炽灯泡和荧光灯管，成为家庭、商业和工业照明领域的主流光源。LED 的高效、节能、使用寿命长的特点，使其在照明领域具有巨大的优势。

d. 汽车照明：LED 在汽车前照灯、尾灯、制动灯、转向灯、仪表板照明等方面都有广泛的应用。由于 LED 具有快速响应、节能等特点，因此在汽车照明方面越来越受到青睐。

e. 通信设备：LED 还广泛应用于各种通信设备中，如光纤通信、无线通信基站的信号指示灯等。

在实际项目中，LED 具有以下重要意义。

节能环保：LED 具有高能效和低能耗的特点，可以显著降低能源消耗，减少能源浪费。

使用寿命长：LED 的使用寿命长，可以降低更换灯泡的频率，减少维护成本。

灵活性：LED 的小尺寸和可塑性使它可以被设计成各种形状和大小，可以满足各种特定应用场景的需求。

综上所述，LED 作为一种重要的光源，已经成为现代电子设备中不可或缺的组成部分，其在指示、显示和照明等方面的应用，对提升产品的功能性和用户体验起着至关重要的作用。

3．GPIO

（1）GPIO 简介

GPIO 可以配置成输出模式来控制外设，也可以配置成输入模式来读取外部信号，是单片机的一种基础外设，连接芯片外部的引脚，可以供使用者自由地进行控制。

STM32 芯片的 GPIO 接口

GPIO 最简单的功能是输出高低电平来控制 LED 等外设，以及被设置为输入模式来读取按键等的输入信号；此外，GPIO 也可以作为单片机上的其他外设的控制引脚，将其与外设连接起来，实现与外部通信、控制及数据采集的功能。

（2）STM32 单片机的 GPIO 结构

要了解 GPIO 的工作原理，首先要了解 GPIO 的内部结构。STM32 单片机的 GPIO 结构如图 2.16 所示。

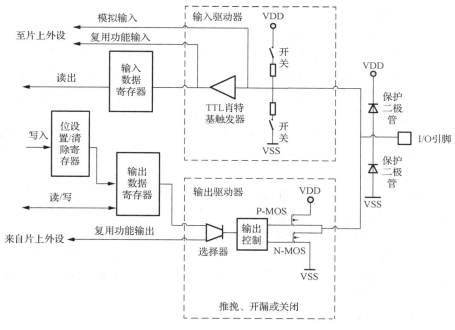

图 2.16　STM32 单片机的 GPIO 结构

图 2.16 中，最右侧代表的是 STM32 芯片引出的 GPIO 引脚，其余部件都位于芯片内部，主要的功能结构包括以下几种。

1）保护二极管。引脚上的两个保护二极管用于防止引脚外部过高或过低的电压输入，当引脚电压高于 VDD 时，上方的二极管导通；当引脚电压低于 VSS 时，下方的二极管导通，防止不正常电压引入芯片导致芯片烧毁。

需要注意的是，虽然有这种保护机制，但并不意味着 STM32 的引脚能直接外接大功率驱动器件，如直接驱动电动机，强制驱动要么电动机不转，要么导致芯片烧坏，必须要加大功率及隔离电路驱动。

2）输出驱动器。输出驱动器中包括一对由正通道金属氧化物半导体（positive channel metal oxide semiconductor，P-MOS）和负通道金属氧化物半导体（negative channel metal oxide semiconductor，N-MOS）组成的单元电路，使 GPIO 具有"推挽输出"和"开漏输出"两种模式。

3）输入/输出数据寄存器。前面提到的双 MOS 管结构电路的输入信号，是由 GPIO "输出数据寄存器 GPIOx_ODR"提供的，因此我们通过修改输出数据寄存器的值就可以修改 GPIO 引脚的输出电平。"置位/复位寄存器 GPIOx_BSRR"可以通过修改输出数据寄存器的值从而影响电路的输出。

图 2.16 中的输入驱动器部分，GPIO 引脚经过内部的上、下拉电阻，可以配置成上/下拉输入，然后连接到肖特基触发器，信号经过触发器后，模拟信号转化为 0、1 的数字信号，然后存储在"输入数据寄存器 GPIOx_IDR"中，通过读取该寄存器就可以了解 GPIO 引脚的电平状态。

4）复用功能输入/输出。"复用功能"中的"复用"是指 STM32 的其他片上外设对 GPIO 引脚进行控制，此时 GPIO 引脚用作该外设功能的一部分，即第二用途。从其他外设引出来的"复位功能输出信号"与 GPIO 本身的数据寄存器都连接到双 MOS 管结构的输入中，通过梯形结构作为开关切换选择。输入驱动器的"复用功能输入信号"则是把经过肖特基触发器的 0、1 信号，输送到相应的片上外设。

例如，使用 USART 串口通信，需要用到 GPIO 引脚作为通信发送/接收引脚，这时就可以把 GPIO 引脚配置成 USART 串口复用功能，由该串口外设控制该引脚，发送/接收串口数据。

5）模拟输入/输出。当 GPIO 引脚用于 ADC 采集电压的输入通道时，用作"模拟输入"功能，此时信号是不经过肖特基触发器的，因为经过肖特基触发器后信号只有 0、1 两种状态，所以若 ADC 外设要采集到原始的模拟信号，则信号源输入必须在肖特基触发器之前。类似的，当 GPIO 引脚用于数-模转换器（digital analog converter，DAC）作为模拟电压输出通道时，此时作为"模拟输出"功能，DAC 的模拟信号输出就不经过双 MOS 管结构，模拟信号直接输出到引脚。

（3）STM32F103 的 GPIO 特性

STM32F103 单片机的 GPIO 主要具有以下特性。

① 提供最多 112 个多功能双向 I/O 引脚，引脚利用率达 80%。

② 几乎每个 I/O 引脚（除 ADC 外）都兼容 5V，每个 I/O 具有 20mA 的驱动能力。

③ 每个 I/O 引脚具有最高 18MHz 的翻转速度，50MHz 的输出速度。

④ 每个 I/O 引脚有 8 种工作模式，在复位时和刚复位后，复用功能未开启，I/O 引脚被配置成悬空输入模式。

⑤ 所有 I/O 引脚都具备复用功能，包括 JTAG/SWD、Timer、USART、I2C、SPI 等。

⑥ 某些复用功能引脚可通过复用功能重映射用作另一复用功能，方便 PCB 设计。

⑦ 所有 I/O 引脚都可作为外部中断输入，同时可以有 16 个中断输入。

⑧ 大多数的 I/O 引脚（除端口 F 和 G 外）可用作事件输出。

⑨ PA0 可作为从待机模式唤醒的引脚，PC13 可作为入侵检测的引脚。

每个 GPIO 端口均可自由控制，都有两个配置寄存器（GPIOx_CRL 和 GPIOx_CRH）、两个数据寄存器（GPIOx_IDR 和 GPIOx_ODR）、一个置位/复位寄存器（GPIOx_BSRR）、一个复位寄存器（GPIOx_BRR）和一个锁定寄存器（GPIOx_LCKR）。其端口配置如表 2.1 所示。

表 2.1　GPIO 端口配置

配置模式		CFUN1	CFUN0	MODE1	MODE0	PxODR
通用输出	推挽	0	0	00：保留 01：输出速率为 10MHz 10：输出速率为 2MHz 11：输出速率为 50MHz		0/1
	开漏		1			0/1
复用功能输出	推挽	1	0			/
	开漏		1			/
输入	模拟输入	0	0	00		/
	悬空输入		1			/
	下拉输入					0
	上拉输入	1	0			1

注：/ 表示缺省。

4. 中断

（1）中断相关概念

1）中断的定义。在单片机的程序运行过程中，系统外部、系统内部或现行程序本身若出现紧急事件，则 CPU 立即中止现行程序的运行，自动转入相应的处理程序（中断服务程序），待处理完后，再返回原来的程序运行，这整个过程称为程序中断（interrupt）。

STM32 中断

2）中断源。能引发中断的事件称为中断源。一般情况下，中断源都与外设有关。每个中断源都有其对应的中断标志位，一旦该中断发生，它对应的中断标志位就会被置位。如果中断标志位被清除（或称为清零），那么它对应的中断便不会被响应。因此，一般在中断服务程序最后，要将对应的中断标志位清零，否则，系统将始终响应该中断，不断执行该中断服务程序。

3）中断屏蔽。中断屏蔽是中断系统中重要的功能之一。在程序设计中，可以设置中断屏蔽位，禁止 CPU 响应某个中断，以实现中断屏蔽。在单片机中，对于一个中断源是否被响应，一般由"总中断允许控制位"和该中断对应的"中断允许控制位"共同决定。两个中断控制位中的任何一位被关闭，该中断就无法响应。中断屏蔽的目的是，保证在执行一些关键程序时不响应中断，以免造成因延迟而引起错误。

4）中断的处理过程。中断的具体处理过程可以分为 3 步：中断响应、执行中断服务程序和中断返回。一般情况下，中断响应和中断返回由硬件自动执行。中断服务程序由用户根据需求编写，在中断发生时执行，以实现中断。

① 中断响应：当产生某个中断请求后，CPU 识别并根据中断屏蔽位，判断该中断

是否被屏蔽。若该中断请求被屏蔽，则将中断寄存器中该中断的标志位置位，CPU 不作其他任何响应，继续执行当前程序；若该中断请求未被屏蔽，则中断寄存器中该中断的标志位被置位，CPU 执行保护现场并找到该中断对应的中断服务程序的地址来响应异常。

② 执行中断服务程序：每个中断都有对应的中断服务程序来处理中断，CPU 响应中断后转而执行对应的中断服务程序。中断服务程序又称中断服务函数，由用户根据具体的应用要求使用汇编语言或 C 语言编写，用来实现对该中断真正的处理。

③ 中断返回：CPU 执行完中断服务程序后，通过恢复现场，即 CPU 关键寄存器出栈，实现中断返回，从断点处继续执行原程序。

5）中断优先级。一般情况下，中断优先级会根据中断的实时性、重要性和软件处理的方便性预先设定。当同时有多个中断请求时，CPU 会优先响应优先级较高的中断请求。

6）中断嵌套。中断嵌套是指当系统正在执行一个中断服务时，又有新的中断发生产生了新的中断请求，CPU 如何处理，取决于新旧两个中断的优先级。当新发生的中断优先级高于正在执行的中断时，CPU 将中止执行当前中断处理程序，转去处理新发生的优先级较高的中断，处理完毕后，返回原来的中断处理程序继续执行。

（2）STM32F103 的 GPIO 中断

STM32F103 系列芯片最多有 84 个中断源，包括 16 个内核中断和 68 个可屏蔽中断，具有 16 级可编程中断优先级。可屏蔽中断包括外部中断、定时器中断、串口中断、模/数转换中断等，其中外部中断由嵌套向量中断控制器（nested vectored interrupt controller，NVIC）和外部中断/事件控制器（external interrupt/event controller，EXTI）来控制，GPIO 中断属于外部中断的一种，其原理简图如图 2.17 所示。

图 2.17　GPIO 中断的原理简图

GPIO 首先需要配置为输入模式，并映射到 EXTI 控制器，在未屏蔽的情况下，将进入 NVIC 控制器，依据中断优先级触发 CPU 调用中断服务程序处理中断。

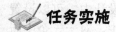 **任务实施**

根据任务描述，以小组为单位，每组 3～5 人，分组讨论任务实施方案。分析智慧景观灯光控制系统，熟悉按键和 LED 的型号、工作电压范围等参数，按照要求每组成员完成常用单片机按键和 LED 的调研，编制表 2.2。

表 2.2　STM32F103R6 单片机按键和 LED 选型

团队成员：				调查时间：
序号	元件类型	型号	工作电压范围	参考价格	应用在本任务中的优势
1	Tactile 按键	KMR2	3～12V	0.8 元	小巧、可靠
2	SMD LED	1206 封装 LED	2～3.6V	0.35 元	适用于表面贴装，方便焊接
3					
4					
5					
6					

任务 2.2　系统开发与仿真

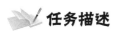 **任务描述**

假如你是一名单片机工程师，基于 STM32F103R6 进行 GPIO 系统软硬件开发，请设计系统原理框图和硬件电路图，绘制该系统的程序流程图，完成 C 语言代码的编写与编译，并进行软硬件联合仿真。该系统按键作为输入设备用于接收用户操作，GPIO 作为通用输入/输出接口连接单片机与外部器件，单片机则负责控制和处理输入/输出操作，LED 则作为输出设备用于显示状态或输出光信号。请设计系统原理框图、硬件电路图、程序流程图，编写 C 语言代码，填写实训报告。

结合智慧景观灯光控制系统的功能要求及本项目 GPIO 知识技能讲解的便利性，设计了如图 2.18 所示的参考电路图。

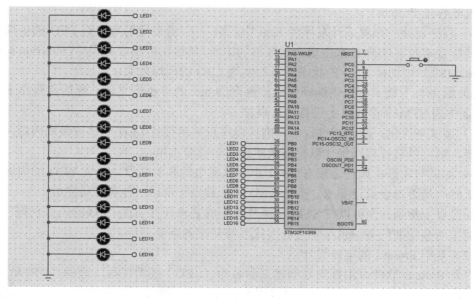

图 2.18　智慧景观灯光控制系统参考电路图

任务资讯

单个 LED 闪烁
设计与仿真

1. LED 闪烁设计与仿真

（1）任务与原理框图

本任务要求实现 1 个 LED 的闪烁，采用外接电源和限流电阻来驱动 LED，GPIO 输出低电平时将点亮 LED，输出高电平时将熄灭 LED。程序设计中采用延时方式进行定时，在 GPIO 引脚周期性输出高低电平，实现 LED 的闪烁。其原理框图如图 2.19 所示。

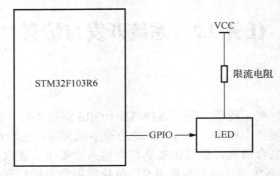

图 2.19　LED 闪烁的原理框图

要完成的任务如下。

1）电路设计：首先，将 LED 连接到 STM32 单片机的 GPIO 引脚上。确保正确连接 LED 的正极和负极，并通过适当的电阻限流以控制 LED 的亮度。本书采用的电路设计仿真软件是 Proteus。

2）程序设计：在集成开发环境 Keil 中，编写 C 语言代码来控制 LED 的闪烁。通常需要配置定时器（timer）来生成一定频率的中断，然后在中断服务程序（interrupt service routine，ISR）中切换 LED 的状态，从而实现 LED 的闪烁效果。

3）编译与下载：将代码编译生成扩展名为.hex 的可执行文件，然后将程序下载到 Proteus 中的 STM32 单片机上进行仿真调试。

4）调试与优化：在调试过程中，确保程序正常运行且 LED 能够按预期闪烁。如果有需要，则可以进行代码优化以提高效率或减小资源占用。

5）测试与验证：通过连接 STM32 单片机至电源和示波器，验证 LED 的闪烁频率和亮灭时间是否符合设计要求。确认 LED 闪烁效果正常后，任务即可完成。

通过以上步骤，你可以在 STM32 单片机上成功设计并实现 LED 的闪烁功能。这是一个简单而基础的任务，也是学习嵌入式系统开发的重要一步。

（2）基于 Proteus 的电路设计

打开 Proteus 软件，根据向导创建工程名为"LED"的新工程，选择"DEFAULT"原理图，不创建 PCB 布板设计，没有固件。进入绘制面板后，从库文件中搜索并选择

STM32F103R6，将其放置到面板中。

再依次以 LED、RES 为关键词搜索并添加 LED 和电阻，然后将它们连接到 STM32F103R6 的 PA2 引脚上。建议 LED 选择 YELLOW（黄色），电阻的阻值默认是 10kΩ，这将导致流经 LED 的电流过小，发光不明显，双击此图标，在打开的对话框中将阻值改为 100Ω，如图 2.20 所示。

图 2.20　修改电阻值

随后在限流电阻 R1 的另一侧放置外接电源 VCC，得到的最终电路图如图 2.21 所示。

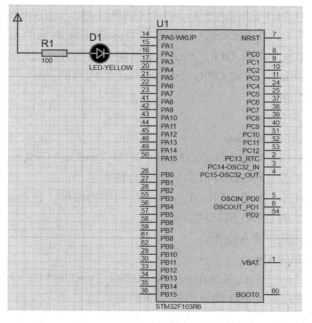

图 2.21　单个 LED 闪烁电路图

（3）程序设计

1）STM32F103 的 GPIO 相关库函数。

STM32F103 的 GPIO 相关库函数存放在 STM32F103 标准外设库的 stm32f1xx_gpio.h 和 stm32f1xx_gpio.c 文件中。其中，头文件 stm32f1xx_gpio.h 用来存放 GPIO 相关结构体、宏定义及 GPIO 库函数的声明，源文件 stm32f1xx_gpio.c 用来存放 GPIO 库函数的定义。

STM32F103 的 GPIO 常用库函数如下。

① GPIO_DeInit。

函数原型：void GPIO_DeInit(GPIO_TypeDef* GPIOx)。

功能描述：将某个 GPIO 端口的寄存器设置为默认值。

输入参数：GPIOx，指向 GPIO_TypeDef 结构体的指针，包括该 GPIO 端口的寄存器信息。

输出参数：无。

② GPIO_AFIODeInit。

函数原型：void GPIO_AFIODeInit(void)。

功能描述：将某个 GPIO 端口的复用功能设置为默认值。

输入参数：无。

输出参数：无。

③ GPIO_Init。

函数原型：void GPIO_Init(GPIO_TypeDef* GPIOx,GPIO_InitTypeDef* GPIO_InitStruct)。

功能描述：根据 GPIO_InitStruct 的参数初始化 GPIOx 对应的 GPIO 端口。

输入参数：GPIOx，指向 GPIO_TypeDef 结构体的指针，包括该 GPIO 端口的寄存器信息；GPIO_InitStruct，指向 GPIO_InitTypeDef 结构体的指针，包括该 GPIO 端口的引脚号、速率、模式等。

输出参数：无。

④ GPIO_ReadInputDataBit。

函数原型：uint8_t GPIO_ReadInputDataBit(GPIO_TypeDef* GPIOx,uint16_t GPIO_Pin)。

功能描述：读取指定 GPIO 端口某个引脚的输入电平。

输入参数：GPIOx，指向 GPIO_TypeDef 结构体的指针，包括该 GPIO 端口的寄存器信息；GPIO_Pin，该 GPIO 端口的引脚号。

输出参数：该引脚的输入电平。

⑤ GPIO_ReadInputData。

函数原型：uint16_t GPIO_ReadInputData(GPIO_TypeDef* GPIOx)。

功能描述：读取指定 GPIO 端口所有引脚的输入值。

输入参数：GPIOx，指向 GPIO_TypeDef 结构体的指针，包括该 GPIO 端口的寄存器信息。

输出参数：该端口所有引脚的输入电平。

⑥ GPIO_ReadOutputDataBit。

函数原型：uint8_t GPIO_ReadOutputDataBit(GPIO_TypeDef* GPIOx,uint16_t GPIO_Pin)。

功能描述：读取指定 GPIO 端口某个引脚的输出电平。

输入参数：GPIOx，指向 GPIO_TypeDef 结构体的指针，包括该 GPIO 端口的寄存器信息；GPIO_Pin，该 GPIO 端口的引脚号。

输出参数：该引脚的输出电平。

⑦ GPIO_ReadOutputData。

函数原型：uint16_t GPIO_ReadOutputData(GPIO_TypeDef* GPIOx)。

功能描述：读取指定 GPIO 端口所有引脚的输出值。

输入参数：GPIOx，指向 GPIO_TypeDef 结构体的指针，包括该 GPIO 端口的寄存器信息。

输出参数：该端口所有引脚的输出电平。

⑧ GPIO_SetBits。

函数原型：void GPIO_SetBits(GPIO_TypeDef* GPIOx,uint16_t GPIO_Pin)。

功能描述：设置指定 GPIO 端口某个引脚的输出高电平。

输入参数：GPIOx，指向 GPIO_TypeDef 结构体的指针，包括该 GPIO 端口的寄存器信息；GPIO_Pin，该 GPIO 端口的引脚号。

输出参数：无。

⑨ GPIO_ResetBits。

函数原型：void GPIO_ResetBits(GPIO_TypeDef* GPIOx,uint16_t GPIO_Pin)。

功能描述：设置指定 GPIO 端口某个引脚的输出低电平。

输入参数：GPIOx，指向 GPIO_TypeDef 结构体的指针，包括该 GPIO 端口的寄存器信息；GPIO_Pin，该 GPIO 端口的引脚号。

输出参数：无。

⑩ GPIO_WriteBit。

函数原型：void GPIO_WriteBit(GPIO_TypeDef* GPIOx,uint16_t GPIO_Pin,BitAction BitVal)。

功能描述：设置指定 GPIO 端口的某个引脚为指定值。

输入参数：GPIOx，指向 GPIO_TypeDef 结构体的指针，包括该 GPIO 端口的寄存器信息；GPIO_Pin，该 GPIO 端口的引脚号；BitVal，BitAction 枚举值，取值为 Bit_RESET 或 Bit_SET。

输出参数：无。

⑪ GPIO_Write。

函数原型：void GPIO_Write(GPIO_TypeDef* GPIOx,uint16_t PortVal)。

功能描述：设置指定 GPIO 端口的所有引脚为指定值。

输入参数：GPIOx，指向 GPIO_TypeDef 结构体的指针，包括该 GPIO 端口的寄存器信息；PortVal，该端口所有引脚的输出值。

输出参数：无。

⑫ GPIO_EXTILineConfig。

函数原型：void GPIO_EXTILineConfig(uint8_t GPIO_PortSource,uint8_t GPIO_PinSource)。

功能描述：选择某个 GPIO 引脚，用作外部中断源。

输入参数：GPIO_PortSource，该GPIO端口作为中断源，取值为GPIO_PortSourceGPIOA～GPIO_PortSourceGPIOG；GPIO_PinSource，该 GPIO 端口的引脚号，取值为 GPIO_PinSource0～GPIO_PinSource15。

输出参数：无。

基于库函数开发基于 STM32F103 单片机的 GPIO 应用，其控制流程如图 2.22 所示。

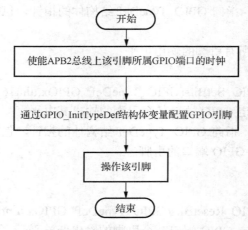

图 2.22　GPIO 控制流程

① 使能该引脚所属 GPIO 端口（如 GPIOA、GPIOB 等）的时钟。对于使用 STM32L151 单片机的任何一个片上外设，这一步都是不可或缺的，往往在一开始就进行。

② 通过 GPIO_InitTypeDef 结构体变量配置 GPIO 引脚。GPIO_InitTypeDef 结构体是 GPIO 引脚配置的关键。使用库函数进行 GPIO 开发，必须掌握 GPIO_InitTypeDef 这个结构体。通过这个结构体的成员组成，可以快速了解 GPIO 的特性。通过将指定的工作模式和输出速度写入 GPIO_InitTypeDef 结构体变量对应的成员，并用这个结构体变量初始化指定的 GPIO 引脚，可以实现对 GPIO 引脚的真正配置。

③ 通过 GPIO_SetBits/GPIO_ResetBits 来控制 GPIO 引脚输出高低电平，或通过 GPIO_ReadInputDataBit 来读取输入。

2）程序流程图。单个 LED 闪烁的程序流程图如图 2.23 所示，程序启动后，完成 LED 对应的 GPIO

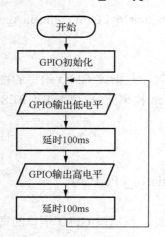

图 2.23　单个 LED 闪烁的程序流程图

引脚的初始化，随后进入主循环，首先输出低电平点亮 LED，延时 100ms 后，再输出高电平熄灭 LED，延时 100ms 后输出低电平，以此循环，实现 LED 的闪烁效果。

3）建立 Keil 工程。打开 Keil 软件，依据向导建立名为 LED 的工程。单片机型号选择 STM32F103R6，在 Manage Run Time Environment（管理运行环境）对话框中选择 CMSIS 中的 CORE、Device 中的 Startup 和 StdPeriph Drivers 中的 Framework、GPIO 和 RCC，然后单击"OK"按钮，如图 2.24 所示。

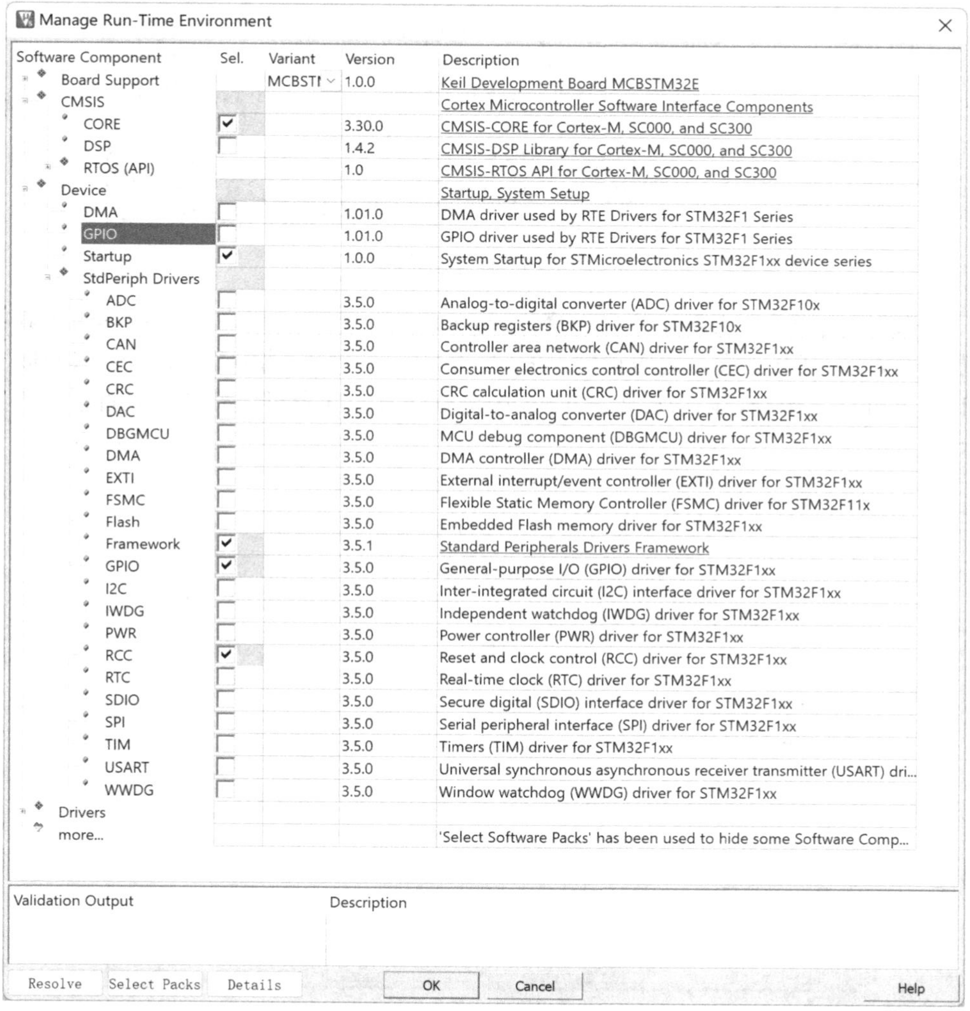

图 2.24　创建 Keil 工程并设置运行环境

在左侧"Project"面板中默认的"Source Group1"上右击，在弹出的快捷菜单中选择相应命令添加新文件，即可编写自定义的代码，此任务中可仅创建 main.c 源文件，如图 2.25 所示。

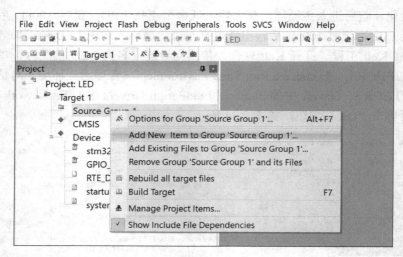

图 2.25 创建新工程

代码编写完毕后，在菜单栏中选择"Project"→"Options"选项，或单击工具栏中的魔术棒按钮，打开工程设置对话框，在"Output"选项卡中选中"Create HEX File"（创建 HEX 文件）复选框，以加载到 Proteus 中进行仿真，其余可保持默认设置，如图 2.26 所示。

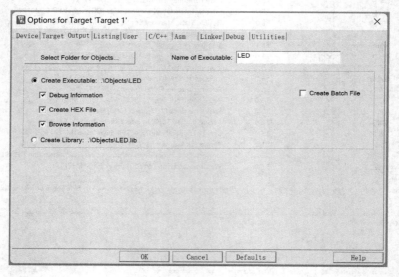

图 2.26 生成 HEX 文件

编译完成后，在工程文件夹的 Objects 目录下即可看到 HEX 文件。

4）GPIO 初始化。在 STM32 单片机中，GPIO 的初始化过程通常包括以下步骤。

① 包含必要的头文件。

```
#include "stm32f10x.h"
```

② 配置 GPIO 参数的结构体，如 GPIO_InitTypeDef 结构体。

```
GPIO_InitTypeDef GPIO_InitStructure;
```

③ 针对具体的 GPIO 外设进行时钟使能配置，以便使用该 GPIO 外设。

```
RCC_APB2PeriphClockCmd(RCC_APB2Periph_GPIOA,ENABLE);
```

④ 初始化 GPIO 参数结构体，设置相应的引脚、速度和工作模式等参数。

```
GPIO_InitStructure.GPIO_Pin = GPIO_Pin_0 | GPIO_Pin_1;
//设置要操作的引脚，可以使用逻辑或符号"|"同时操作多个引脚
GPIO_InitStructure.GPIO_Speed = GPIO_Speed_50MHz; //设置 GPIO 速度
GPIO_InitStructure.GPIO_Mode = GPIO_Mode_Out_PP;
//设置引脚工作模式为推挽输出模式
```

⑤ 调用相应的 GPIO 初始化函数，将配置好的参数应用到 GPIO 外设上。

```
GPIO_Init(GPIOA, &GPIO_InitStructure); //初始化 GPIOA 外设，应用配置参数
```

通过以上步骤，可以完成对 GPIO 的初始化配置，使单片机可以根据设定的参数正常工作。在实际应用中，根据具体的需求和硬件连接情况，可以调整 GPIO 初始化的参数和引脚设置，以实现不同的功能，如控制 LED、读取按键输入等。

第一个任务 GPIO 初始化较简单，将初始化语句直接写入主函数即可，涉及的语句如下。

```
GPIO_InitTypeDef GPIO_InitStructure;              //定义 GPIO 初始化结构体
RCC_APB2PeriphClockCmd(RCC_APB2Periph_GPIOA, ENABLE);//打开 GPIOA 时钟
GPIO_InitStructure.GPIO_Pin = GPIO_Pin_2;       //选择输出引脚
GPIO_InitStructure.GPIO_Speed = GPIO_Speed_50MHz;//设置 I/O 翻转速度
GPIO_InitStructure.GPIO_Mode = GPIO_Mode_Out_PP; //设置 I/O 推挽输出
GPIO_Init(GPIOA, &GPIO_InitStructure);           //完成输出引脚 PA1 的设置
GPIO_ResetBits(GPIOA, GPIO_Pin_2);               //初始化 LED 为熄灭状态
```

5）GPIO 输出高/低电平。

在 STM32 单片机中，通过 GPIO 控制输出高电平或低电平到 LED，从而使 LED 呈现亮、灭的现象，使用的函数如下。

① 输出高电平：可以使用 GPIO_SetBits()函数将指定 GPIO 外设的指定引脚置为高电平。

```
GPIO_SetBits(GPIOA, GPIO_Pin_2); //将 GPIOA 外设的第 2 个引脚置为高电平
```

② 输出低电平：可以使用 GPIO_ResetBits()函数将指定 GPIO 外设的指定引脚置为低电平。

```
GPIO_ResetBits(GPIOA, GPIO_Pin_2); //将 GPIOA 外设的第 2 个引脚置为低电平
```

通过调用这两个函数，可以方便地控制特定 GPIO 外设的引脚输出高电平或低电平信号，从而实现 LED 亮、灭的现象，加上循环，即可实现 LED 闪烁的效果。

```
/*主循环，LED 闪烁*/
while (1)
{
    GPIO_SetBits(GPIOA, GPIO_Pin_2);          //LED 亮
    delay_ms(100);
    GPIO_ResetBits(GPIOA, GPIO_Pin_2);        //LED 灭
    delay_ms(100);
}
```

6）延时。要想让 LED 呈现闪烁的效果，LED 亮、灭须有一定的延时。在 STM32 单片机中实现延时的方法有多种，其中一种常见的方法是使用循环延时。delay_ms()函数用于实现以毫秒为单位的延时。基本思路是在循环中执行一定次数的空操作指令（__NOP()）以消耗时间，从而实现延时。需要根据实际的主频情况来调整内层循环的次数，以确保达到预期的延时效果。

```
void delay_ms(int32_t ms)
{
    int32_t internal;
    while(ms--)
    {
        internal = 10290; //72MHz 主频下的经验值
        while(internal--)
            ;
    }
}
```

7）主函数。

```
#include <stm32f10x.h>
/*函数声明*/
void delay_ms(int32_t ms);
/*主程序*/
int main(void)
{
    /*LED 初始化*/
    GPIO_InitTypeDef GPIO_InitStructure;      //定义 GPIO 初始化结构体
    RCC_APB2PeriphClockCmd(RCC_APB2Periph_GPIOA, ENABLE);//打开 GPIOA 时钟
    GPIO_InitStructure.GPIO_Pin = GPIO_Pin_2;//选择输出引脚
    GPIO_InitStructure.GPIO_Speed = GPIO_Speed_50MHz;//设置 I/O 翻转速度
    GPIO_InitStructure.GPIO_Mode = GPIO_Mode_Out_PP;//设置 I/O 推挽输出
    GPIO_Init(GPIOA, &GPIO_InitStructure);    //完成输出引脚 PA1 的设置
    GPIO_ResetBits(GPIOA, GPIO_Pin_2);        //初始化 LED 为熄灭状态
    /*主循环，LED 闪烁*/
    while(1)
    {
        GPIO_SetBits(GPIOA, GPIO_Pin_2);      //LED 亮
        delay_ms(100);
```

```
        GPIO_ResetBits(GPIOA, GPIO_Pin_2);      //LED 灭
        delay_ms(100);
    }
}
/**
 * @简介：软件延时函数
 * @参数：延时时间 (单位 ms)
 * @返回值：无
 */
void delay_ms(int32_t ms)
{
    int32_t internal;
    while(ms--)
    {
        internal = 10290; //72MHz 主频下的经验值
        while(internal--)
            ;
    }
}
```

（4）仿真结果

在 Proteus 中双击 STM32 图标，在打开的对话框中加载编译后的 HEX 文件，并设置时钟频率为 72MHz，如图 2.27 所示。

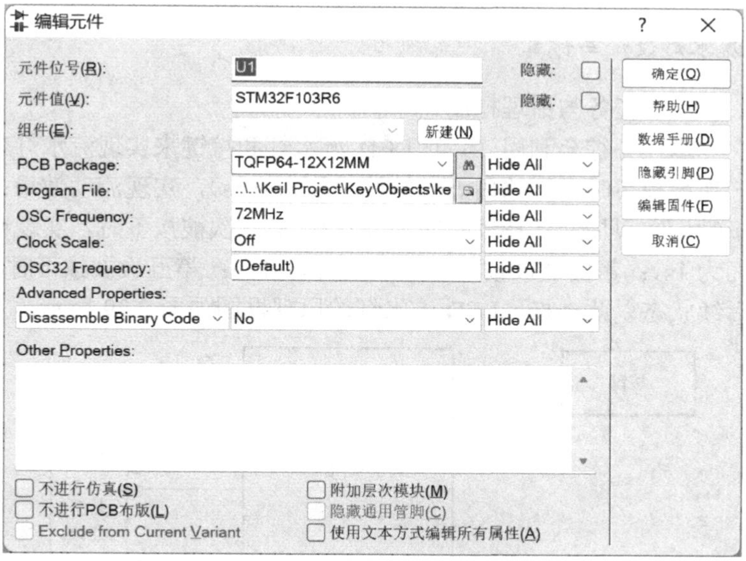

图 2.27　加载 HEX 文件

单击 Proteus 左下角的▶按钮，即可看到 LED 的闪烁效果，如图 2.28 所示。

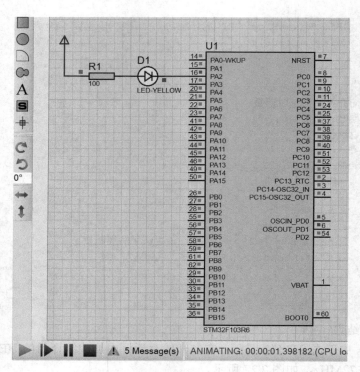

图 2.28　单个 LED 闪烁的仿真效果

2．LED 流水灯设计与仿真

LED 流水灯
设计与仿真

（1）任务与原理框图

本任务综合利用 16 个 LED 流水灯和按键来实现流水灯效果，按键第一次被按下时，开始闪烁（持续时间为 0.5s），实现流动效果；第二次被按下时，实现加速（持续时间为 0.1s）；第三次被按下时，实现减速（持续时间为 1s）；第四次被按下时，改变流动方向；第五次被按下时，停止闪烁。后续状态以此类推。LED 流水灯的原理框图如图 2.29 所示。

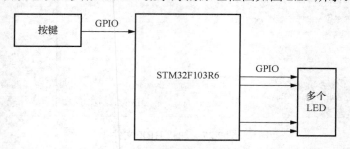

图 2.29　LED 流水灯的原理框图

（2）基于 Proteus 的电路设计

打开 Proteus 软件，依据向导创建基于 STM32F103R6 的工程，PORTB 连接了 16

个 LED 灯，通过 GPIO 接口直接驱动点亮，PC0 连接按键。同样通过网络标号减少连线数量，以方便观察。LED 流水灯的电路图如图 2.30 所示。

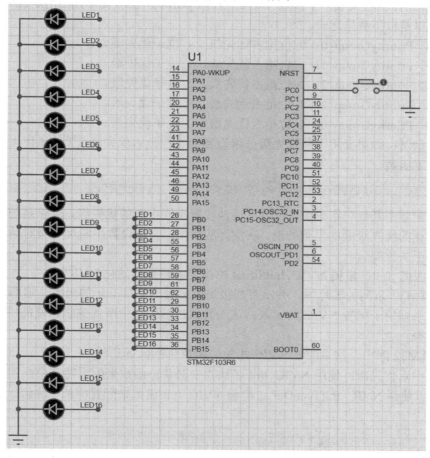

图 2.30　LED 流水灯的电路图

（3）程序设计

1）STM32F103 的中断相关库函数。本任务中将使用中断方式来处理按键事件，包括 EXTI 库函数和 NVIC 库函数。其中，STM32F103 的 NVIC 库函数存放在 STM32F103 标准外设库的 misc.h 和 misc.c 等文件中。头文件 misc.h 用来存放 NVIC 和 SysTick 相关的结构体、宏定义和库函数声明，源代码文件 misc.c 用来存放 NVIC 和 SysTick 库函数的定义。STM32F103 的常用 NVIC 库函数如下。

① NVIC_PriorityGroupConfig：设置优先级分组。

NVIC_PriorityGroupConfig()函数是用于配置 NVIC 中断优先级分组的函数。在 STM32 系列的芯片中，中断优先级由预先定义的分组值和实际的优先级值组成。

在使用 NVIC_PriorityGroupConfig()函数时，需要注意以下几点。

函数原型：

```
void NVIC_PriorityGroupConfig(uint32_t NVIC_PriorityGroup);
```

参数说明：函数接收一个参数 NVIC_PriorityGroup，表示要设置的中断优先级分组。该参数可以是以下数值之一。

NVIC_PriorityGroup_0：0 位抢占优先级，4 位子优先级。

NVIC_PriorityGroup_1：1 位抢占优先级，3 位子优先级。

NVIC_PriorityGroup_2：2 位抢占优先级，2 位子优先级。

NVIC_PriorityGroup_3：3 位抢占优先级，1 位子优先级。

NVIC_PriorityGroup_4：4 位抢占优先级，0 位子优先级。

使用示例：如果要将中断优先级分组设置为 2 位抢占优先级，2 位子优先级，则可以调用如下函数。

```
NVIC_PriorityGroupConfig(NVIC_PriorityGroup_2);
```

通过配置中断优先级分组，可以灵活地设置不同中断的优先级，确保系统中的各中断按照设计的优先级顺序得到处理。在实际应用中，合理设置中断优先级对系统的稳定性和性能至关重要。

② NVIC_Init：根据 NVIC_InitStruct 中指定的参数初始化 NVIC。

在 STM32 系列的芯片中，并没有直接提供名为 NVIC_Init 的函数。然而，STM32 提供了一系列用于配置 NVIC 的函数。这些函数包括配置中断优先级、使能/禁用中断、触发中断等。

在 STM32 库中，常见的与 NVIC 相关的函数包括以下几种。

配置中断优先级：使用 NVIC_Init 函数族中的某个函数来配置特定中断的优先级。例如，可以使用 NVIC_InitTypeDef 结构和 NVIC_Init 函数来配置中断优先级。示例代码如下。

```
NVIC_InitTypeDef NVIC_InitStructure;
NVIC_InitStructure.NVIC_IRQChannel = EXTI0_IRQn;//选择要配置的中断通道
NVIC_InitStructure.NVIC_IRQChannelPreemptionPriority = 0x01;
                                          //设置抢占优先级
NVIC_InitStructure.NVIC_IRQChannelSubPriority = 0x01; //设置子优先级
NVIC_InitStructure.NVIC_IRQChannelCmd = ENABLE;    //使能中断通道
NVIC_Init(&NVIC_InitStructure);                    //应用配置
```

使能/禁用中断：使用 NVIC_EnableIRQ 和 NVIC_DisableIRQ 函数来使能或禁用特定中断。示例代码如下。

```
NVIC_EnableIRQ(EXTI0_IRQn);      //使能中断
NVIC_DisableIRQ(EXTI0_IRQn);     //禁用中断
```

触发中断：通过外设的相应操作触发中断，如在外部中断发生时触发对应的中断处理函数。

③ NVIC_DeInit：将 NVIC 的寄存器恢复为复位启动时的默认值。

在 STM32 系列的芯片中，并没有名为 NVIC_DeInit 的函数。一般而言，NVIC 不需要显式地进行反初始化操作。NVIC 的配置和管理是通过对各中断通道的配置和控制来完成的，因此通常不存在一个专门的 NVIC_DeInit 函数。

如果需要清除某个中断通道的配置，则可以考虑重新配置该中断通道，或者直接使用寄存器操作将相关的配置寄存器复位到默认状态。在这种情况下，具体的操作会依赖于特定的 STM32 芯片型号和使用的库。

通常情况下，对 NVIC 的配置修改会在初始化阶段完成，并且在整个系统运行期间保持不变。如果需要在运行时动态地改变中断的配置，则可以通过相应的寄存器操作来实现。

总之，在 STM32 中，一般不需要显式地进行 NVIC 的反初始化操作，因为它的配置通常是在启动时完成的，并且在系统运行期间保持不变。如果需要重新配置中断通道，则简单地重新配置相关的寄存器即可。

STM32L1××的 EXTI 相关库函数存放在 STM32L1××标准外设库的 stm32l1××_exti.h 和 stm32l1××_exti.c 文件中。其中，头文件 stm32l1××_exti.h 用来存放 EXTI 相关结构体、宏的定义及 EXTI 库函数声明，源代码文件 stm32l1××_exti.c 用来存放 EXTI 库函数定义。STM32 L1××中的常用 EXTI 库函数如下。

④ EXTI_DeInit：将 EXTI 的寄存器恢复为复位启动时的默认值。

在 STM32 系列的芯片中，可以使用 EXTI_DeInit 函数来对外部中断线进行反初始化。这个函数通常用于将外部中断线的配置恢复到默认状态。

以下是 EXTI_DeInit 函数的典型使用方法：

```
void EXTI_DeInit(void);
```

调用该函数会将所有外部中断线的配置恢复到默认状态，包括触发类型、中断使能等。这在某些情况下可能是有用的，如在重新配置外部中断之前，或者在某些特定的系统初始化阶段。

⑤ EXTI_Init：根据 EXTI_InitStruct 中指定的参数初始化 EXTI。

在 STM32 系列的芯片中，并没有名为 EXTI_Init 的函数。通常情况下，外部中断线的初始化是通过对相关寄存器的配置来完成的，而不是使用一个名为 EXTI_Init 的函数。

在 STM32 中，配置外部中断线的典型步骤包括以下几个：配置外部中断线的触发类型（上升沿、下降沿、上升/下降沿等），使能相应的外部中断线，配置中断优先级（如果需要）。这些配置通常涉及以下寄存器。

外部中断触发类型配置寄存器：用于配置外部中断线的触发类型，如 EXTI->RTSR 和 EXTI->FTSR 寄存器用于配置上升沿和下降沿触发。

外部中断使能寄存器：用于使能或禁用特定的外部中断线，如 EXTI->IMR 寄存器用于控制外部中断线的使能。

中断优先级寄存器：用于配置外部中断的优先级，如 NVIC 相关的寄存器。

因此，在实际进行外部中断线的初始化时，需要直接操作这些寄存器来完成相应的配置。

⑥ EXTI_GetFlagStatus：检查指定的外部中断/事件线的标志位。

在 STM32 系列的芯片中，可以使用 EXTI_GetFlagStatus 函数来获取外部中断线触发标志的状态。这个函数通常用于检查特定外部中断线是否已经触发。

以下是 EXTI_GetFlagStatus 函数的典型使用方法：

```
FlagStatus EXTI_GetFlagStatus(uint32_t EXTI_Line);
```

EXTI_Line 参数指定要检查的外部中断线。例如，可以传入 EXTI_Line0 表示检查外部中断线 0 的状态。返回值为 FlagStatus 类型，表示外部中断线的触发状态。如果指定的外部中断线已经触发，则返回值为 SET；如果未触发，则返回值为 RESET。

通过调用这个函数，可以判断特定外部中断线是否已经触发，从而进行相应的处理操作。

⑦ EXTI_ClearFlag：清除指定外部中断/事件线的标志位。

在 STM32 系列的芯片中，可以使用 EXTI_ClearFlag 函数来清除外部中断线触发标志。这个函数通常用于在处理完外部中断后手动清除相应的触发标志。

以下是 EXTI_ClearFlag 函数的典型使用方法：

```
void EXTI_ClearFlag(uint32_t EXTI_Line);
```

EXTI_Line 参数指定要清除触发标志的外部中断线。例如，可以传入 EXTI_Line0 表示清除外部中断线 0 的触发标志。

调用这个函数将会清除指定外部中断线的触发标志，以确保下一次该中断触发时能够被正确检测到。

⑧ EXTI_GetITStatus：检查指定的外部中断/事件线的触发请求发生与否。

在 STM32 系列的芯片中，EXTI_GetITStatus 函数通常用于获取外部中断线的中断状态。这个函数可用于检查特定外部中断线是否已经触发中断。

以下是 EXTI_GetITStatus 函数的典型使用方法：

```
ITStatus EXTI_GetITStatus(uint32_t EXTI_Line);
```

EXTI_Line 参数指定要检查的外部中断线。例如，可以传入 EXTI_Line0 表示检查外部中断线 0 的中断状态。返回值为 ITStatus 类型，表示外部中断线的中断状态。如果指定的外部中断线已经触发中断，则返回值为 SET；如果未触发中断，则返回值为 RESET。

通过调用这个函数，可以判断特定外部中断线是否已经触发中断，从而进行相应的处理操作。

⑨ EXTI_ClearITPendingBit：清除指定外部中断/事件线的中断挂起位。

在 STM32 系列的芯片中，EXTI_ClearITPendingBit 函数通常用于清除外部中断线的中断挂起位。这个函数可以在处理完外部中断后手动清除相应的中断挂起位。

以下是 EXTI_ClearITPendingBit 函数的典型使用方法：

```
void EXTI_ClearITPendingBit(uint32_t EXTI_Line);
```

EXTI_Line 参数指定要清除中断挂起位的外部中断线。例如，可以传入 EXTI_Line0 表示清除外部中断线 0 的中断挂起位。

调用这个函数将会清除指定外部中断线的中断挂起位，以确保下一次该中断触发时能够被正确检测到。

需要注意的是，具体的操作方式和功能可能会因芯片型号和使用的库而略有不同。在实际开发中，建议查阅相关的芯片参考手册和库文档，以了解具体的函数和参数名称，并根据实际需求进行配置和调用。

2）程序流程图。本任务采用中断方式处理按键事件，当按键被按下时，在中断服务程序中改变流水灯参数，在主程序中则根据相应的参数实现流水灯效果。LED流水灯的程序流程图如图 2.31 所示。

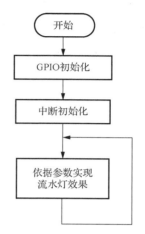

图 2.31　LED 流水灯的程序流程图

3）建立 Keil 工程。打开 Keil 软件，依据向导创建名为 Running_LED 的工程。单片机型号选择 STM32F103R6，在 Manage Run-Time Environment 对话框中选择 CMSIS 中的 CORE、Device 中的 GPIO 和 Startup 及 StdPeriph Drivers 中的 EXTI、Framework、GPIO 和 RCC，然后单击"OK"按钮，如图 2.32 所示。

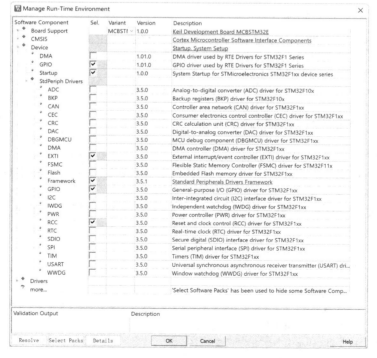

图 2.32　创建 Keil 工程并设置运行环境

在默认的 Source Group1 目录下新建 C 语言格式的源文件 main.c、key.c、led.c 和头文件 key.h、led.h。其中，key.c 文件通过中断方式来处理按键事件，改变 LED 流水灯的显示效果；led.c 和 led.h 文件中包括与 LED 显示相对应的函数，以实现流水灯显示。添加完成后的工程文件目录结构如图 2.33 所示。

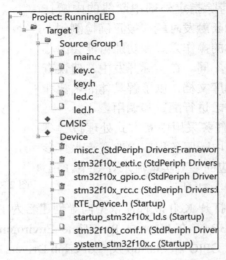

图 2.33　添加完成后的工程文件目录结构

4）按键 GPIO 接口初始化。

```
void KEY_GPIO_Init(void)  //按键 GPIO 接口初始化
{
    //定义 GPIO 初始化结构体
    GPIO_InitTypeDef GPIO_InitStruct;

    //使能按键 GPIO 引脚的时钟，ENABLE 代表使能
    RCC_APB2PeriphClockCmd(KEY_RCC_APB2Periph_CLK,ENABLE);
    GPIO_InitStruct.GPIO_Pin = KEY_GPIO_Pin;
    GPIO_InitStruct.GPIO_Mode = GPIO_Mode_IPU;/*按键需要设置引脚模式为上拉模式 GPIO_Mode_IPU*/
    GPIO_InitStruct.GPIO_Speed = GPIO_Speed_50MHz;//设置 I/O 翻转速度
    GPIO_Init(KEY_GPIO_Port, &GPIO_InitStruct);
}
```

5）中断初始化。

```
void KEY_INTERRUPT_Init(void)  //按键 GPIO 引脚中断初始化
{
    NVIC_InitTypeDef NVIC_I;
    EXTI_InitTypeDef EXTI_I;
```

```
        NVIC_PriorityGroupConfig(NVIC_PriorityGroup_1);

        NVIC_I.NVIC_IRQChannel = EXTI0_IRQn;
        NVIC_I.NVIC_IRQChannelPreemptionPriority = 0;
        NVIC_I.NVIC_IRQChannelSubPriority = 0;
        NVIC_I.NVIC_IRQChannelCmd = ENABLE;
        NVIC_Init(&NVIC_I);

        GPIO_EXTILineConfig(GPIO_PortSourceGPIOC, GPIO_PinSource0);
        EXTI_I.EXTI_Line = EXTI_Line0;
        EXTI_I.EXTI_Mode = EXTI_Mode_Interrupt;
        EXTI_I.EXTI_Trigger = EXTI_Trigger_Falling;
        EXTI_I.EXTI_LineCmd = ENABLE;
        EXTI_Init(&EXTI_I);
    }
```

6）中断回调函数。

```
    static void KEY_INTERRUPT_Callback(KEY_MODE mode)  //中断回调函数
    {
        if(mode == MODE_START)
        {
            portVal = 0x0001;
        }
        else if(mode == MODE_ACCELERATE)
        {
            internal = ACCELERATED_INTERNAL;
        }
        else if(mode == MODE_DECELERATE)
        {
            internal = DECELERATED_INTERNAL;
        }
        else if(mode == MODE_CONVERT)
        {
            isConvert = !isConvert;
        }
        else if(mode == MODE_STOP)
        {
            portVal = 0x0000;
            internal = DEAULT_INTERNAL;
            isConvert = 0;
        }
        else
        {
            //此处可插入所需的程序
        }
    }
```

7）按键（连接到 PC0）对应的中断服务程序。

```c
void EXTI0_IRQHandler(void) //按键(连接到 PC0)对应的中断服务程序
{
    /*确认有中断申请后再进行处理*/
    if(EXTI_GetITStatus(EXTI_Line0) != RESET)
    {
        delay_ms(50); /*按键去抖动*/

        if(GPIO_ReadInputDataBit(KEY_GPIO_Port, KEY_GPIO_Pin) == KEY_DOWN)
        {
            keyPressCnt = (keyPressCnt + 1) % KEY_PRESSED_MODE;
            //不超过 KEY_PRESSED_MODE 对应的状态数

            KEY_INTERRUPT_Callback((KEY_MODE)keyPressCnt);
            //强制转换为枚举值 KEY_MODE 进行处理
        }
    }

    /*清除中断标志*/
    EXTI_ClearITPendingBit(EXTI_Line0);
}
```

8）头文件。

本任务的 key.h 头文件的内容如下。

```c
#ifndef __KEY_H__
#define __KEY_H__

#include <stm32f10x.h>

/*单键 GPIO 定义*/
#define KEY_RCC_APB2Periph_CLK          RCC_APB2Periph_GPIOC |
RCC_APB2Periph_AFIO
#define KEY_GPIO_Port        GPIOC
#define KEY_GPIO_Pin         GPIO_Pin_0

/*按键次数对应的最大状态*/
#define KEY_PRESSED_MODE     5

typedef enum
{
    MODE_START = 0,
    MODE_ACCELERATE,
    MODE_DECELERATE,
```

```
    MODE_CONVERT,
    MODE_STOP,
    MODE_UNDEF
} KEY_MODE;


typedef enum
{
    KEY_DOWN = 0,   /*当按键被按下时, I/O 接口状态为低电平*/
    KEY_UP
} KEY_STAT;


void KEY_GPIO_Init(void);
void KEY_INTERRUPT_Init(void);


#endif
```

本任务的 led.h 头文件的内容如下。

```
#ifndef __LED_H__
#define __LED_H__

#include <stm32f10x.h>


/*流水灯对应的 16 个 LED GPIO 接口(PB0-PB15)*/
#define LED_RCC_APB2Periph_CLK          RCC_APB2Periph_GPIOB
#define LED_GPIO_Port                   GPIOB
#define LED1_GPIO_Pin                   GPIO_Pin_0
#define LED2_GPIO_Pin                   GPIO_Pin_1
#define LED3_GPIO_Pin                   GPIO_Pin_2
#define LED4_GPIO_Pin                   GPIO_Pin_3
#define LED5_GPIO_Pin                   GPIO_Pin_4
#define LED6_GPIO_Pin                   GPIO_Pin_5
#define LED7_GPIO_Pin                   GPIO_Pin_6
#define LED8_GPIO_Pin                   GPIO_Pin_7
#define LED9_GPIO_Pin                   GPIO_Pin_8
#define LED10_GPIO_Pin                  GPIO_Pin_9
#define LED11_GPIO_Pin                  GPIO_Pin_10
#define LED12_GPIO_Pin                  GPIO_Pin_11
#define LED13_GPIO_Pin                  GPIO_Pin_12
#define LED14_GPIO_Pin                  GPIO_Pin_13
#define LED15_GPIO_Pin                  GPIO_Pin_14
#define LED16_GPIO_Pin                  GPIO_Pin_15
#define LED_GPIO_Pin                    GPIO_Pin_All
#define LED_GPIO_Pin_Val(x)             ((uint16_t)(0x0001<<(x)))
//根据 0~15 确认 GPIO 引脚的偏移值
#define LED_GPIO_PIN_NUM                16
```

```
/*流水灯闪烁间隔*/
#define DEAULT_INTERNAL          500      //默认闪烁间隔为 500ms
#define ACCELERATED_INTERNAL     100      //加速后的闪烁间隔为 100ms
#define DECELERATED_INTERNAL     1000     //减速后的闪烁间隔为 1000ms

extern uint16_t portVal;
extern uint32_t internal;
extern uint8_t  isConvert;

void delay_ms(uint32_t ms);
void LED_GPIO_Init(void);
void LED_ON(GPIO_TypeDef *port, uint16_t pin);
void LED_OFF(GPIO_TypeDef *port, uint16_t pin);
void LED_TOGGLE(GPIO_TypeDef *port, uint16_t pin);
void LED_Running(void);

#endif
```

9）源文件。

本任务的 led.c 源文件的内容如下。

```
#include "led.h"

#define ROTATE_LEFT(x, s, n)  ((x) << (n)) | ((x) >> ((s) - (n)))
#define ROTATE_RIGHT(x, s, n) ((x) >> (n)) | ((x) << ((s) - (n)))

uint16_t portVal   = 0x0000; //LED 对应 GPIO 端口的输出值，默认为 0，不点亮
uint32_t internal  = DEAULT_INTERNAL;
uint8_t  isConvert = 0;

/**
 * @name: delay_ms
 * @description: 毫秒级延时函数
 * @param {ms: 延时毫秒值}
 * @return {*}
 */
void delay_ms(uint32_t ms)
{
   uint32_t internal;
   while(ms--)
   {
       internal = 10290; //在 72MHz 主频下，为了实现 1ms 的延时，常用的设置数值
       while(internal--)
           ;//使用 while 循环执行空语句，原地等待 internal 次，总计耗时约 1ms
   }
}

/**
```

```
    * @name: LED_GPIO_Init
    * @description: LED GPIO 引脚初始化函数
    * @param {*}
    * @return {*}
    */
    void LED_GPIO_Init(void)
    {
        GPIO_InitTypeDef GPIO_InitStruct;    //定义 GPIO 初始化结构体
        RCC_APB2PeriphClockCmd(LED_RCC_APB2Periph_CLK, ENABLE);/*打开
GPIOA 时钟*/
        GPIO_InitStruct.GPIO_Pin = LED_GPIO_Pin;       //选择输出引脚
        GPIO_InitStruct.GPIO_Speed = GPIO_Speed_50MHz;//设置 I/O 翻转速度
        GPIO_InitStruct.GPIO_Mode = GPIO_Mode_Out_PP;//设置 I/O 推挽输出
        GPIO_Init(LED_GPIO_Port, &GPIO_InitStruct);    //完成输出引脚设置
        GPIO_ResetBits(LED_GPIO_Port, LED_GPIO_Pin); //初始化 LED 为熄灭状态
    }

    void LED_ON(GPIO_TypeDef *port, uint16_t pin)
    {
        GPIO_SetBits(port, pin);
    }

    void LED_OFF(GPIO_TypeDef *port, uint16_t pin)
    {
        GPIO_ResetBits(port, pin);
    }

    void LED_TOGGLE(GPIO_TypeDef *port, uint16_t pin)
    {
        GPIO_WriteBit(port, pin, (BitAction)!GPIO_ReadOutputDataBit(port,
pin));
    }

    void LED_Running(void)
    {
        if(isConvert)
        {
            portVal = ROTATE_RIGHT(portVal, 8*sizeof(portVal), 1);
        }
        else
        {
            portVal = ROTATE_LEFT(portVal, 8*sizeof(portVal), 1);
        }
```

```
GPIO_Write(LED_GPIO_Port, 0); //先全部熄灭，避免视觉上多个连续灯点亮
delay_ms(30);
GPIO_Write(LED_GPIO_Port, portVal);
delay_ms(internal);
}
```

10）主函数。

本任务中包括多个源文件和头文件，其中主函数 main.c 文件的内容如下。

```
#include "key.h"
#include "led.h"
static int8_t keyPressCnt = -1;    //记录按键次数，对应相应的状态
int main(int argc, char *argv[])
{
    LED_GPIO_Init();
    KEY_GPIO_Init();
    KEY_INTERRUPT_Init();
    while(1)
    {
        LED_Running();
    }
}
```

（4）仿真结果

矩阵按键控制
LED 设计与仿真

在"编辑元件"对话框中设置单片机主频为 72MHz，且不分频；然后加载 Keil 工程编译出的 HEX 文件，如图 2.34 所示。单击左下角的 ▶ 按钮开始仿真，通过单击按键，即可查看 LED 流水灯的效果：按键第一次被按下时，将开始闪烁（持续时间为 0.5s），实现流动效果；第二次被按下时，将实现加速（持续时间为 0.1s）；第三次被按下时，将实现减速（持续时间为 1s）；第四次被按下时，将改变流动方向；第五次被按下时，将停止闪烁。LED 流水灯的仿真效果如图 2.35 所示。

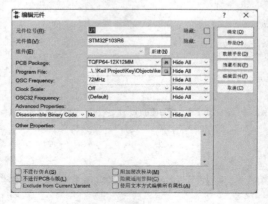

图 2.34 加载 HEX 文件

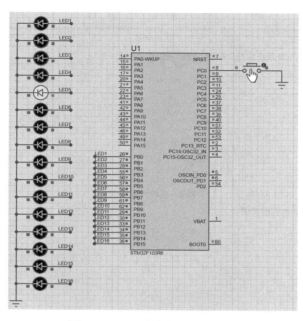

图 2.35 LED 流水灯的仿真效果

任务实施

根据任务描述，以小组为单位，每组 3～5 人，分组讨论任务实施方案。实施步骤如下。

1）熟悉智慧景观灯光控制系统的应用场景，按照要求每组成员完成应用场景的描述。

2）分析系统的主要功能单元及系统的整体架构，设计系统原理框图。

3）选择合适的单片机、LED 和按键，设计硬件电路。

4）梳理程序流程，绘制程序流程图，并编写相应的 C 语言代码。

5）记录系统搭建与测试中的问题及解决方法。

6）总结本次任务的兴趣点、疑虑点和成就点。

7）每个人进行自我评价，组长进行小组评价，教师进行小组评价。

8）完成表 2.3 所示的任务实训报告。

表 2.3 智慧景观灯光控制系统实训报告

任务描述
应用场景描述。

续表

实训准备

1．分析系统的主要功能单元及系统的整体架构，设计系统原理框图。

图 1　系统原理框图

2．STM32 单片机、LED 和按键的选型。

任务实施

1．实训内容及步骤。

（1）硬件电路图。

图 2　硬件电路图

（2）程序流程图。

图 3　程序流程图

任务实施

（3）程序代码。

2．系统搭建与测试中的问题及解决方法。

总结与提高

请总结本次任务的兴趣点、成就点和疑虑点。

兴趣点：

成就点：

疑虑点：

考核与评价

1．自我评价

个人签字：　　　　　　　　日期：

考核与评价
2. 组长评价

组长签字：　　　　　　　　　日期：

3. 教师评价

教师签字：　　　　　　　　　日期：

项目 3　智慧景观定时控制系统——定时器应用

 **项目目标**

通过本项目的教学，学生理解相关知识之后，应达成以下目标。

知识目标

1）了解数码管、直流电动机、电动机驱动芯片的背景知识。

2）了解 STM32F103 单片机的时钟系统。

3）理解 STM32F103 单片机定时器的工作原理。

4）理解脉宽调制的基本原理。

5）掌握 STM32F103 单片机定时器的库函数和参数配置方法。

能力目标

1）能绘制定时控制系统的总体框架图。

2）能设计定时控制系统的硬件电路。

3）能设计 STM32F103 单片机定时器应用的软件代码。

4）能设计脉宽调制的硬件电路及软件代码。

5）能通过软硬件联合调试实现定时控制系统的功能。

素质目标

1）培养主动收集归纳项目相关信息的习惯。

2）增强守时依规的意识。

3）提升团队分工合作的能力。

 导入案例

在城市智慧景观工程中，经常遇到这类项目设计需求：在数码管、LED 点阵或液晶屏上显示当前的时间；经过多少时间，让景观灯进入下一组表演模式。在这类应用场景中，共同的关键词就是"时间"。我们要采用单片机来解决时间相关的任务，对应的单片机内部模块，就是定时器。

在本项目中，我们将学习利用单片机的定时器搭建一个典型的智慧景观定时控制系统，模拟灯光秀喷泉，如图 3.1 所示。该系统具备时间显示功能，采用呼吸灯的方式来模拟受控变化的灯光，采用直流电动机模拟操作喷泉的开关及出水高度。

彩图 3.1

图 3.1 城市景观中的灯光秀喷泉

任务 3.1 系统方案设计

 任务描述

假如你是一名单片机工程师，需要基于 STM32F103R6 单片机进行智慧景观灯光秀喷泉的开发。该系统能够实现时间的显示、控制灯光的明暗变化，以及控制喷泉的开关和出水高度。请查阅 STM32F103R6 单片机片上定时器和相关外设的学习资料，完成一份单片机定时器的调研表：需要明确 4 种以上不同类型的单片机定时器的功能、主要参数，并讨论本项目的各需求采用哪种定时器最合适。

任务资讯

1. 系统框图

走近智慧景观定时
控制系统

单片机的 CPU 是整个系统的控制核心，负责处理各种指令和数据，以及执行定时控制程序。它根据预先设定的程序，发出相应的控制信号，实现定时控制的功能。定时控制系统的设计重心是单片机片上的各种定时器。它在后台默默运行，当到达设定的时间点时，会产生触发信号。这些信号借用我们在之前的项目中学习的 GPIO 接口，输出到单片机芯片之外的各种执行器中。单片机定时控制系统框图如图 3.2 所示。

单片机内部有多个定时器，每个定时器有多个通道，因此可以输出多路控制信号，并行不悖地操作多个外设执行器。其中，时钟显示器需要以 6 位数的形式显示当前的小时、分钟、秒；受控灯组以 3s 为一个周期，规律性地变化发光强度；受控电动机具备开关和调速功能。

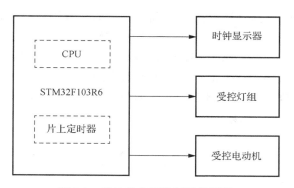

图 3.2　单片机定时控制系统框图

2. 涉及的外围器件介绍

（1）数码管

显示多位数字的显示器有数码管、LED 阵列、液晶显示
器等。其中，数码管在日常生活中广泛应用，如图 3.3 所示。

形象地告诉你数码管的知识

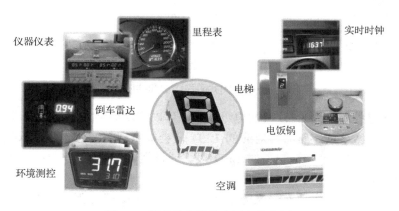

图 3.3　数码管在日常生活中的应用

数码管，也称 LED 数码管或七段数码显示器，是一种电子显示器件，通常用于显示数字、字母或特定的符号。它由多个 LED 组成，每个 LED 代表数字或字符的一个部分（段）。通过控制不同 LED 的亮、灭，可以组合成不同的数字和字符。数码管通常由多个部分组成，包括一个或多个 LED 段、引脚（用于连接电路）及封装材料。每个 LED 段通常由金属导线制成，被封装在透明的塑料或玻璃材料中，当电流通过时，会发出光亮。

数码管的发展历程可以追溯到 20 世纪 60 年代，当时 LED 技术刚刚兴起。最初的数码管由几个单独的 LED 组成，需要分别控制每个 LED 的亮灭来实现数字和字符的显示。随着 LED 技术的发展，人们开始将多个 LED 集成在一起，形成七段数码管，从而简化了电路设计和制作过程。

随着半导体技术的不断发展，数码管的性能得到了进一步的提升。现代的数码管具有更高的亮度、更低的功耗和更长的使用寿命。同时，数码管的种类也越来越多，包括共阳极数码管、共阴极数码管、双色数码管、彩色数码管等，以满足不同领域的应用需求。

　　根据结构和使用方式的不同，数码管可以分为共阳极数码管与共阴极数码管，如图 3.4 所示。共阳极数码管是指将所有 LED 的阳极连接在一起作为公共端，而共阴极数码管则是将所有 LED 的阴极连接在一起作为公共端。这两种数码管在驱动方式上有所不同，需要根据具体的应用场景进行选择。

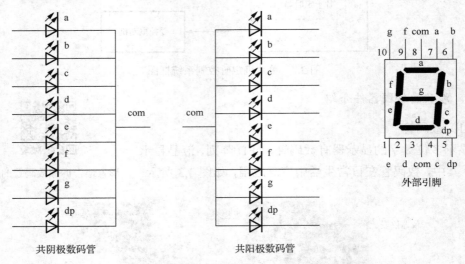

图 3.4　数码管的共阴极接法和共阳极接法

　　数码管通过控制不同 LED 段的电流通断，可以实现数字和字符的显示。具体来说，当需要显示某个数字或字符时，对应的 LED 段会被点亮。例如，要显示数字"1"，则需要点亮数码管中代表数字"1"的 LED 段。通过组合不同 LED 段的亮灭状态，可以显示出不同的数字和字符。

　　数码管的驱动方式主要有静态驱动和动态驱动两种。静态驱动是指每个数码管的每个段都直接与一个驱动电路相连。当需要显示某个数字或字符时，直接将对应的段选通，使其发光。静态驱动方式简单直观，但需要的驱动电路较多，功耗较大，适用于显示位数较少、对功耗要求不高的场合。

　　动态驱动是指多个数码管的相同段共用一个驱动电路，通过分时扫描的方式依次点亮每个数码管。在某一时刻，只有一个数码管的某个段被点亮，其他数码管处于熄灭状态。通过快速切换不同数码管的显示状态，可以实现同时显示多个数码管。动态驱动方式可以有效降低功耗、减少驱动电路的数量，但需要注意扫描频率的选择，以避免显示闪烁或不稳定的现象。

　　数码管因其直观、易读的特点，在各领域得到了广泛的应用。在电子设备中，数码管常用于显示时间、温度、电压等参数。例如，电子时钟使用数码管来显示当前时间；温度计使用数码管来显示温度值；电压表使用数码管来显示电压大小。这些应用使用户可以直观地了解设备的运行状态和参数信息。在仪器仪表领域，数码管也发挥着重要作用。例如，在测量仪表中，数码管可以实时显示测量结果；在控制系统中，数码管可以显示系统状态或报警信息。这些应用提高了仪器仪表的可读性和易用性。在家用电器方面，数码管也被广泛应用。例如，微波炉、电饭锅等厨房电器，冰箱、空调等白色家电。

（2）直流电动机

探索直流电动机和它的驱动芯片

直流电动机是一种将直流电能转换为机械能的装置，如图 3.5 所示。直流电动机内部主要组成部件包括定子、转子、换向器和电刷等。定子包括主磁极、换向极、机座和电刷装置等，用于产生固定磁场；转子由电枢铁心、电枢绕组、换向器和轴等部分组成，可以在定子磁场中旋转。直流电动机通过电流在磁场中受到力的作用来实现电能到机械能的转换。直流电动机具有许多优点，如调速性能好、启动转矩大、过载能力强等。直流电动机在各领域都有广泛的应用，特别是在需要精确控制转速和转矩的场合。

图 3.5　直流电动机

早在 19 世纪初，法拉第就发现了电磁感应现象，为直流电动机的发展奠定了基础。随后，人们在实验中制造出了最初的直流电动机原型。然而，这些早期的电动机存在效率低下、结构复杂等问题，限制了其在实际应用中的推广。随着科学技术的不断发展，直流电动机的性能得到了显著提升。在材料科学方面，新型导电材料和永磁材料的出现，使直流电动机的效率和性能得到了极大的提升。在制造工艺方面，精密加工和自动化生产技术的应用，使直流电动机的制造精度和可靠性得到了提高。此外，随着电力电子技术的发展，直流电动机的控制方式也得到了极大的改进。现代直流电动机采用先进的电子控制技术，可以实现精确的速度和转矩控制，满足了各种复杂应用场景的需求。

1）直流电动机的分类。直流电动机根据不同的分类标准可以有多种分类方式。

① 按照励磁方式的不同，直流电动机可以分为永磁直流电动机和电磁直流电动机。永磁直流电动机使用永磁体作为磁极，具有结构简单、运行可靠的特点；电磁直流电动机则通过电磁铁产生磁场，具有较大的可调节性。

② 按照结构形式的不同，直流电动机可以分为有槽直流电动机和无槽直流电动机。有槽直流电动机的点数上开有槽，用于放置绕组；无槽直流电动机则没有槽，这使其结

构更加紧凑。

③ 根据用途和性能特点的不同，直流电动机还可以分为并励直流电动机、串励直流电动机、复励直流电动机等多种类型。这些电动机在各自的应用领域具有独特的优势。

2）直流电动机的工作原理。直流电动机基于电磁感应作用进行工作。当直流电源通过电刷和换向器为电枢绕组供电时，电枢绕组中会产生电流。这个电流与定子磁场相互作用，产生电磁力，使电枢在定子磁场中受到力的作用而旋转。换向器和电刷在直流电动机中起着关键作用。换向器通过改变电流方向，使电枢绕组中的电流始终与磁场方向垂直，从而产生连续的转矩。电刷则负责将电源的正负极与电枢绕组连接起来，形成闭合回路。通过调整电源电压、改变磁场强度或改变电枢绕组的连接方式，可以实现对直流电动机转速和转矩的控制。这使直流电动机在需要精确控制运动特性的场合具有广泛的应用。

3）直流电动机的应用领域。直流电动机因其优良的性能和广泛的应用领域，在各领域都有重要的应用。

① 在电力拖动系统中，直流电动机常被用作原动机，驱动各种机械设备进行工作。例如，在机床、冶金设备、纺织机械等领域，直流电动机都发挥着关键作用。它们通过精确的转速和转矩控制，实现了对设备的精确驱动和高效运行。

② 在交通运输领域，直流电动机也扮演着重要角色。电动汽车、电动自行车等交通工具通常采用直流电动机作为动力源。这些电动机具有高效、环保、低噪声等优点，为人们的出行提供了更加便捷和舒适的体验。

③ 直流电动机在工业自动化领域也有广泛的应用。例如，在生产线上的自动传送装置、物料搬运设备等，都采用直流电动机作为驱动部件。它们通过精确的控制系统，实现了对生产过程的自动化和智能化管理。

④ 在军事领域，直流电动机同样发挥着重要作用。例如，在航空航天器、导弹等武器装备中，直流电动机被用于驱动各种执行机构和控制系统。它们的高性能和可靠性，为军事装备的正常运行提供了有力保障。

（3）电动机驱动芯片

因为直流电动机的工作电流较大，单片机的 I/O 接口不能直接驱动，所以一般会引入电动机驱动芯片进行直流电动机的操控。

直流电动机驱动芯片是一种专门用于控制直流电动机运行的电子器件。它是连接电动机与控制系统之间的桥梁，能够将控制信号转换为电动机能够理解的驱动信号，从而实现对直流电动机进行启动、停止、方向控制和速度调节等操作。直流电动机驱动芯片的出现，极大地提高了直流电动机控制系统的效率和稳定性，其广泛应用于工业自动化、电动工具、家用电器及电动汽车等多个领域。

在电动机控制技术发展的早期阶段，直流电动机驱动芯片主要依赖于简单的模拟电路，功能相对单一，且控制精度和稳定性有限。随着电子技术的不断进步，电动机控制的需求也日益增长，这推动了直流电动机驱动芯片技术的快速发展。进入数字时代后，数字控制逐渐成为直流电动机驱动芯片的主流。数字控制技术不仅提高了控制精度和稳定性，还使驱动芯片的功能更加丰富和灵活。随着微处理器技术和功率电子技术的飞速发展，直流电动机驱动芯片的性能得到了显著提升，具有更高的集成度、更低的功耗和更强的驱动能力。

直流电动机驱动芯片的工作原理主要基于功率电子技术和电动机控制理论。它通过内部的功率电子开关实现对电动机电流的精确控制，从而实现对电动机进行启动、停止、方向控制和速度调节等操作。

具体来说，当控制系统发出启动信号时，直流电动机驱动芯片会接收到这个信号，并驱动电动机内部的电流开始流动，使电动机开始旋转。如果需要改变电动机的旋转方向，则驱动芯片会调整电流的方向，实现方向的切换。同时，通过改变电流的幅值，可以控制电动机的转速，实现速度的调节。

此外，直流电动机驱动芯片还具备故障诊断和状态监测功能。它可以实时监测电动机的运行状态，如电流、电压等参数，一旦发现异常情况，如过电流、过热等，就会立即采取相应的保护措施，如关闭功率电子开关或降低电流幅值，以防止电动机损坏或引发安全事故。

在市场上，存在多种型号的直流电动机驱动芯片，每种型号都有其独特的特点和适用场景。以下是几种典型的直流电动机驱动芯片。

1）L298N 是一款高性能的直流电动机驱动芯片，具有双 H 桥结构，可以同时驱动两个直流电动机。它具有较高的驱动能力和良好的热稳定性。L298N 还具备过电流、过热保护功能，能够有效地保护电动机和驱动芯片免受损坏。它通常用来驱动继电器、螺线管、电磁阀、直流电动机及步进电动机。

2）A4988 是一款专为步进电动机设计的驱动芯片，也适用于直流电动机的控制。它采用先进的电流控制技术，能够实现高精度的速度和位置控制。A4988 还具有可编程的电流限制和微步分辨率调节功能，可以根据不同的应用场景进行灵活的配置。

3）DRV8825 是一款适用于各种需要高精度控制场景的直流电动机驱动芯片。它具备高效的电流控制能力和较低的功耗，能够实现平滑的加速和减速过程。此外，DRV8825 还集成了故障诊断和状态监测功能，方便用户对电动机进行实时监控和维护。

4）TB6612FNG 直流电动机驱动芯片具有较小的体积和较低的功耗。它采用 PWM 控制方式，可以实现精确的速度调节和平滑的转动。TB6612FNG 还具有过电流保护功能，可以有效防止电动机因电流过大而损坏。

3. 单片机定时器的工作原理

（1）定时与计数的基本思路

对包括单片机在内的所有计算机而言，要实现定时和计数，最基础的内部元件就是累加器。

对累加器而言，每来一个脉冲，它存的数就会自动增加 1。增加到一个预设的值或它本身能容纳的最大值后，它就会输出一个信号，并且将自己存的数值归零，从头开始。这个过程，称为计数。简而言之，计数就是对前面来的脉冲"数个数"，如图 3.6 所示。

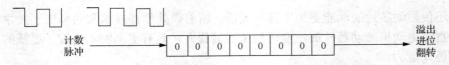

图 3.6　单片机实现定时和计数的基本思路

那定时又是怎么实现的呢？在计数的基础上，如果来的脉冲都是规律的、固定周期的，那么用计数的个数乘以脉冲的周期，就能得到经过了多少时间。

（2）单片机的时钟系统

要想在单片机中实现定时，就需要给出上述"规律的、固定周期的"脉冲。单片机内部能够灵活且又精密地产生不同周期的脉冲，供定时器使用。在这一套系统中，有很多时钟的产生来源，同时也有很多时钟信号的去向，就像一棵庞大的树木。STM32F103 系列单片机的时钟树简图如图 3.7 所示。

好一棵参天大树——
单片机的时钟系统

当谈论 STM32F1 的时钟树时，其实是在描述一个为 STM32F1 系列单片机内部各部件提供时钟信号的复杂系统。时钟信号就像是单片机内部的"心跳"，它告诉各部件何时开始和结束工作。STM32F1 时钟树的设计非常巧妙，它可以根据需要为不同的部件提供不同的时钟频率，从而优化性能和功耗。

1）时钟源。首先，要了解 STM32F1 的时钟源。简单地说，时钟源就是产生时钟信号的地方。STM32F1 有两个主要的时钟源：高速内部时钟（high speed internal clock，HSI）和高速外部时钟（high speed external clock，HSE）。

① HSI：这是一个内置的、固定频率的时钟源。它是芯片内置的一个 RC 振荡器，不需要外部硬件的支持，始终可以工作。但它的频率通常较低，运行不稳定，可能无法满足高性能的需求。芯片开始运行时，它是默认的时钟源，但一般会在初始化的过程中切换到外部时钟源。

② HSE：这是一个外部时钟源，通过外部晶振或其他时钟源提供。它的频率通常较高，可以满足更高的性能需求。

除了 HSI 和 HSE，STM32F1 还有其他一些时钟源，如锁相环（phase locked loop，PLL）、低速内部时钟（low speed internal clock，LSI）、低速外部时钟（low speed external clock，LSE）等。

2）时钟树的结构。除了时钟源之外，时钟树还包括时钟分频器、时钟多路复用器和时钟输出等部分。

① 时钟分频器：它的作用是将原始时钟源的频率降低。例如，如果 HSE 的频率是 8MHz，但只需要 4MHz 的时钟信号，那么就可以通过时钟分频器来实现。

② 时钟多路复用器：这是一个选择器，它可以从多个时钟源中选择一个时钟源，如可以选择 HSI、HSE 或 PLL 其中之一作为系统内核的时钟源。

③ 时钟输出：这是时钟树的最终输出，它将时钟信号传递给单片机的各部件。

3）时钟树的工作过程。时钟树是如何工作的呢？

首先，单片机会根据配置选择 HSI 或 HSE 作为时钟源。然后，这个时钟源会被送到时钟分频器，分频器会根据配置降低其频率。接着，经过分频的时钟信号会被送到时钟多路复用器，复用器会根据配置选择一个时钟源作为输出。最后，这个时钟信号会被送到各部件，作为它们的工作时钟。

为什么 STM32 单片机需要这么复杂的时钟树呢？其实，时钟树的设计对于单片机的性能和功耗优化非常重要。通过灵活配置时钟树，可以为不同的部件提供合适的时钟频率，从而在保证性能的同时降低功耗。此外，时钟树还提供了多种时钟源供选择，这使单片机可以在不同的环境和应用场景下都能正常工作。

4）时钟树与定时器。在时钟系统这棵"参天大树"中，有主要的枝干，也有细小的分支。作为初学者，在学习单片机的定时器时，要抓住与定时器相关的主干内容。

在本项目的运用中，使用的是 HSE，该时钟被内部的 PLL 倍频，成为系统时钟（system clock，SYSCLK）。系统时钟是内核（包含芯片最为关键的 CPU）工作的时钟。内核协调芯片上的各模块一起工作，但是各模块工作的时钟不需要这么快，因此又需要降低频率。通过分频器降低频率，经由两级内部总线 AHB 和 APB 传递到各模块。伴随着这个过程，SYSCLK 变成了 AHB 上的高速总线时钟（high speed clock，HCLK）和 APB 上的外设总线时钟（peripheral clock，PCLK），再传递给定时器。

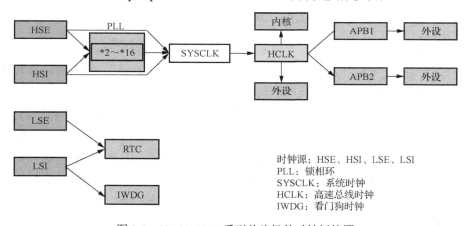

时钟源：HSE、HSI、LSE、LSI
PLL：锁相环
SYSCLK：系统时钟
HCLK：高速总线时钟
IWDG：看门狗时钟

图 3.7　STM32F103 系列单片机的时钟树简图

所以，想要配置定时器所需的计数脉冲，就要选择合适频率的晶振、设置 PLL 倍频的系数、设置分频器的系数。

这是系统初始化的工作。在本书及大部分的实际应用中，时钟树的初始化设置都会默认地将系统时钟设置为 72MHz。

（3）单片机通用定时器

STM32F1 系列单片机共有 12 个不同类型的定时器，包括 2 个高级定时器（TIM1 和 TIM8）、4 个通用定时器（TIM2、TIM3、TIM4 和 TIM5），2 个基本定时器（TIM6 和 TIM7）、1 个实时定时器（real time

走进单片机定时器的世界

clock，RTC）、2 个看门狗定时器和 1 个系统节拍定时器。

通用定时器是单片机定时器中数量最多的；高级定时器和基本定时器，顾名思义，就是在通用定时器的基础上增加或减少了部分功能。

STM32F103 单片机的通用定时器是一个通过可编程预分频器驱动的 16 位自动装载计数器，其内部结构如图 3.8 所示。怎么理解这个说法呢？"可编程预分频器"是指可以用程序来设置进入定时器的脉冲周期；"16 位"表示定时器单次计数的最大值是 2^{16}，即 65536；"自动装载"表示定时器可以反复定时，且每次定时的值会和首次设置的值保持一致而不用重新设置。

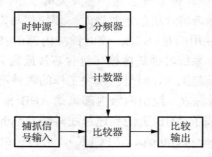

图 3.8   STM32F103 单片机的通用定时器的内部结构

1）通用定时器的基本构成。定时器主要由以下几个部分组成。

① 计数器：这是定时器的核心部件，就像是一个"计数器"，它负责记录时钟信号的数量。每当来一次时钟信号，计数器就加 1。

② 分频器：分频器的作用是对时钟信号进行预分频。例如，如果时钟信号是 1MHz（即每秒 100 万次），而预分频器设置为 1000，那么每 1000 个时钟信号，计数器才会加 1。这样，就可以通过预分频器来调整定时器的计数速度，从而实现不同的时间间隔。

③ 自动重载寄存器：当计数器的值达到设定的上限（也就是"溢出"）时，自动重载寄存器的值会被加载到计数器中，从而使计数器重新开始计数。这就像是一个"轮回"，计数器每数到一定的数量，就会回到起点重新开始。

④ 时钟源：时钟源是定时器的"心脏"，它为计数器提供时钟信号。STM32F1 单片机有多种时钟源可供选择，如内部时钟、外部时钟等。

2）通用定时器的工作流程。

① 配置定时器：对定时器进行配置，包括设置预分频器的值、自动重载寄存器的值及选择时钟源等。这些设置决定了定时器的工作模式和精度。

② 启动定时器：配置完成后，可以启动定时器。一旦定时器启动，计数器就开始根据预分频器的设置，对时钟信号进行计数。

③ 计数与溢出：随着时钟信号的不断输入，计数器的值不断增加。当计数器的值达到自动重载寄存器的值时，计数器会发生"溢出"，即计数器的值会回到 0 或某个预设的起始值，并同时产生一个中断或事件。

④ 处理中断或事件：当定时器产生中断或事件时，STM32F1 单片机会停止当前正在执行的代码，转而执行与中断或事件相关的代码（这通常是在中断服务函数中定义的）。这样，我们就可以在特定的时间间隔内执行特定的操作。

3）通用定时器的工作模式。STM32F1 单片机的定时器有 3 种工作模式：向上计数模式、向下计数模式、中央对齐计数模式。

① 向上计数模式：计数器从 0 计数到自动加载值（程序中的 TIMx_ARR），然后重新从 0 开始计数并产生一个计数器溢出事件。

② 向下计数模式：计数器从自动加载值（TIMx_ARR）开始向下计数到 0，然后从自动加载值重新开始，并产生一个计数器向下溢出事件。

③ 中央对齐计数模式：计数器从 0 开始计数到自动加载值-1，产生一个计数器溢出事件，然后向下计数到 1 并且产生一个计数器溢出事件；之后再从 0 重新开始计数。

4）通用定时器的作用与应用。STM32F1 单片机的定时器功能非常强大，它不仅可以用来实现定时任务、延时操作等，还可以用于生成 PWM 波形、测量输入信号的周期或频率等。通过合理地配置和使用定时器，可以实现很多复杂的功能和应用。

例如，可以用定时器来控制一个 LED 的闪烁频率，或者用来精确测量一个外部信号的持续时间。此外，定时器还可以与其他外设（如 A/D 转换器、D/A 转换器等）协同工作，以实现更高级的功能。

（4）STM32F103 单片机的系统定时器

系统定时器（SysTick）也称滴答时钟，是 STM32F103 单片机的一个重要的外设，它主要用于实现操作系统的时钟节拍、任务的精确延时、任务调度等功能。系统定时器具有高精度、高稳定性及易配置等特点，为嵌入式系统的设计和开发提供了极大的便利。

STM32F103 单片机的系统定时器基于一个 24 位的递减计数器，它使用一个可编程的计数器重载值。计数器的时钟源可以是 AHB 时钟（HCLK/8）或 Cortex-M3 内核的时钟频率（frequency clock，FCLK）。当计数器的值从重载值开始递减到 0 时，会产生一个中断请求，同时计数器自动重载并重新开始递减。这个中断请求可以被用来触发各种任务或事件，如任务调度、时间片轮转等。

系统定时器的精度和稳定性主要取决于其时钟源的稳定性。在 STM32F103 单片机中，可以选择 AHB 时钟或 Cortex-M3 内核的时钟作为系统定时器的时钟源。为了获得更高的定时精度，通常选择 AHB 时钟作为时钟源。此外，还可以通过配置系统定时器的预分频器来进一步调整定时器的时钟频率，以满足不同的应用需求。

使用系统定时器时，首先需要选择系统定时器的时钟源。如前所述，STM32F103

单片机提供了 AHB 时钟和 Cortex-M3 内核时钟两种选择。为了获得更高的定时精度，通常选择 AHB 时钟作为时钟源。具体的时钟源选择可以通过修改系统配置寄存器（reset and clock control，RCC）中的相关位来实现。

接下来，需要设置系统定时器的计数器重载值。重载值决定了定时器的溢出时间，即定时器从重载值开始递减到 0 所需的时间。根据实际应用需求，可以计算出合适的重载值。重载值的设置可以通过修改系统定时器控制及状态寄存器（STK_CTRL）中的相关位来实现。

在后续的项目学习中，会用到标准微秒和毫秒延时函数，它们就是由系统定时器产生的。这为方便地产生固定时间的延时和任务调度提供了帮助。

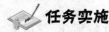 **任务实施**

根据任务描述，分析单片机定时控制系统的需求，查阅课内、课外知识后分析对比，并编制表 3.1，完成任务实施。

表 3.1 单片机定时器调研表

团队成员：				调研时间：	
序号	定时器名称	片内数量	外部通道	位宽	典型应用场合	满足本任务的哪项需求
1	通用定时器	4	4	16	比较捕获、PWM 波形、单脉冲输出等	均满足
2						
3						
4						
5						
6						

任务 3.2　系统开发与仿真

任务描述

假如你是一名单片机工程师，请基于 STM32F103R6 进行模拟灯光秀喷泉的单片机定时控制系统开发，设计硬件电路图，绘制该系统的程序流程图，完成 C 语言代码的编写与编译，并进行软硬件联合仿真；然后提交 C 语言代码文件、HEX 数据文件和 Proteus 电路图，并填写实施报告。该系统具备时间显示、呼吸灯和直流电动机控制等功能。

结合智慧景观定时控制系统的功能要求及本项目定时器知识技能讲解的便利性，设计了如图 3.9 所示的参考电路图。

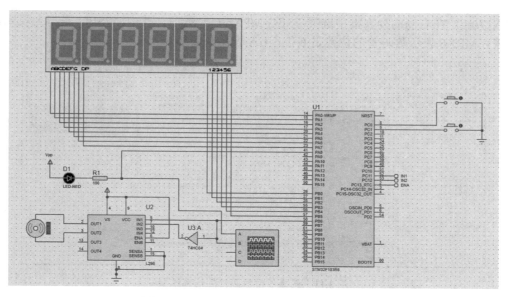

图 3.9　智慧景观定时控制系统参考电路图

![任务资讯]

1. 基于单片机的数码管时间显示

（1）系统框图

通过任务 3.1 的调研，大家可以发现，STM32F103R6 的固件库提供了基于系统定时器的标准毫秒、微秒延时功能。因此，在时间

如何利用 STM32 和多位数码管制作秒表

显示部分，定时器选用系统定时器（SysTick）。6 位数码管时钟显示的系统框图如图 3.10 所示。

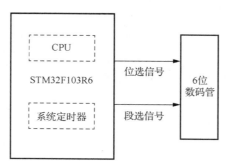

图 3.10　6 位数码管时钟显示的系统框图

本项目采用 6 位数码管，分别用两位显示当前的"小时""分钟""秒"。随着时间的推移，在 60 秒（满 1 分钟）、60 分钟（满 1 小时）的时候完成进位。

（2）硬件电路设计

时钟的显示单元是 6 位数码管。在图 3.11 所示的对话框的"Keywords"文本框中输入 7seg，在右侧的列表框中选择 7SEG-MPX6-CA 选项。其中，7SEG 是指七段式数码管，MPX6 表示数码管的位数是 6 位，CA 表示共阳极。

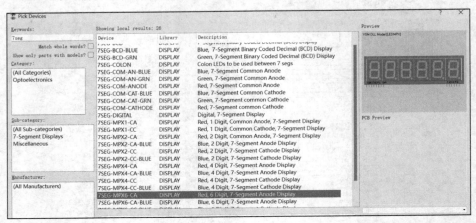

图 3.11　选择 6 位数码管的仿真模型

　　数码管仿真模型有 14 个引脚，其中数字编号 1～6 指的是其位选端，数字小的对应左侧显示位置，将其连接到 PB0～PB5。字母编号 A～DP 指的是其段选端，将其连接到 PA0～PA7，注意 A 对应低位，DP 对应高位。

　　最终形成的 6 位数码管时钟显示电路如图 3.12 所示。

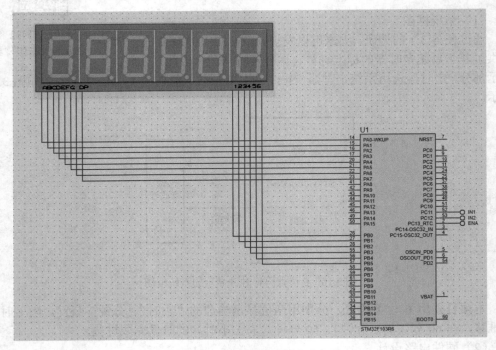

图 3.12　6 位数码管时钟显示电路

（3）软件设计

1）系统定时器的相关库函数。

① SysTick_Config()。

函数原型：void SysTick_Config(uint32_t ticks)。

参数：ticks，表示定时器重载的值（减到 0 时产生中断）。

返回值：无。

功能：配置 SysTick 定时器的时钟源、中断优先级和重载值。

② SysTick_CLKSourceConfig()。

函数原型：void SysTick_CLKSourceConfig(uint32_t SysTick_CLKSource)。

参数：SysTick_CLKSource，表示定时器的时钟源选择，通常是 SysTick_CLKSource_HCLK 或 SysTick_CLKSource_HCLK_Div8。

返回值：无。

功能：设置 SysTick 定时器的时钟源。

③ SysTick_SetReload()。

函数原型：void SysTick_SetReload(uint32_t Reload)。

参数：Reload，表示新的自动重载值。

返回值：无。

功能：设置 SysTick 定时器的自动重载值。

④ SysTick_CounterCmd()。

函数原型：void SysTick_CounterCmd(FunctionalState NewState)。

参数：NewState，取值 ENABLE 或 DISABLE，表示 SysTick 计数器启动或停止。

返回值：无。

功能：启动或停止 SysTick 计数器。

⑤ SysTick_GetFlagStatus()。

函数原型：FlagStatus SysTick_GetFlagStatus(uint32_t SysTick_FLAG)。

参数：SysTick_FLAG，表示要检查的标志位，通常是 SysTick_FLAG_COUNTFLAG。

返回值：SET，表示标志位已设置；RESET，表示标志位未设置。

功能：检查 SysTick 定时器的标志位状态。

⑥ SysTick_ClearFlag()。

函数原型：void SysTick_ClearFlag(void)。

参数：无。

返回值：无。

功能：清除 SysTick 定时器的标志位。

⑦ SysTick_ITConfig()。

函数原型：void SysTick_ITConfig(FunctionalState NewState)。

参数：NewState，取值 ENABLE 或 DISABLE，用于使能或禁止 SysTick 定时器的中断。

返回值：无。

功能：使能或禁止 SysTick 定时器的中断。

2）设计程序流程图。程序在完成系统初始化之后，以 10ms 为刷新间隔动态显示当前的时间，并且在这个过程中，每隔 1s 将秒数加 1；同理，每隔 1min、1h、1 天，都相应地将时分秒数据进行加 1、清零处理，确保显示的是最新的时间。6 位数码管时钟显示的程序流程图如图 3.13 所示。

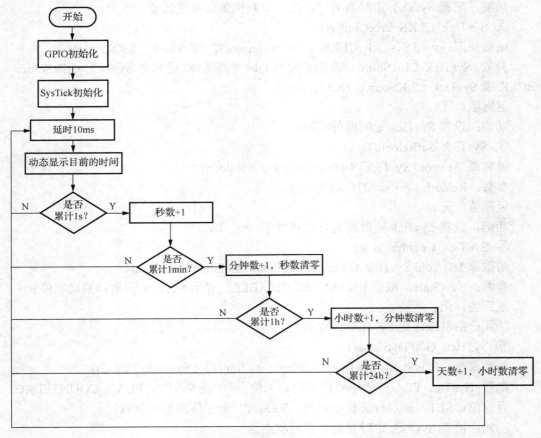

图 3.13　6 位数码管时钟显示的程序流程图

3）编写初始化代码。数码管使用的 GPIO 接口需要进行初始化。本项目使用了 PA 口连接段选码、PB 口连接位选码，需要各自选通，并均设置为推挽输出模式。

```
void SMG_Init()
{
    GPIO_InitTypeDef GPIO_InitStructure;//声明一个结构体变量,用来初始化 GPIO
    /*开启 GPIO 时钟*/
    RCC_APB2PeriphClockCmd(SMG_PORT_RCC,ENABLE);
    /*配置 GPIO 的模式和 I/O 接口*/
    GPIO_InitStructure.GPIO_Pin=SMG_PIN;        //选择要设置的 I/O 接口
```

```
GPIO_InitStructure.GPIO_Mode=GPIO_Mode_Out_PP;
GPIO_InitStructure.GPIO_Speed=GPIO_Speed_50MHz;
GPIO_Init(SMG_PORT,&GPIO_InitStructure); //初始化 GPIO

RCC_APB2PeriphClockCmd(RCC_APB2Periph_GPIOB,ENABLE);
/*配置 GPIO 的模式和 I/O 接口*/
GPIO_InitStructure.GPIO_Pin=GPIO_Pin_All;//选择要设置的 I/O 接口
GPIO_InitStructure.GPIO_Mode=GPIO_Mode_Out_PP;
GPIO_InitStructure.GPIO_Speed=GPIO_Speed_50MHz;
GPIO_Init(GPIOB,&GPIO_InitStructure);            //初始化 GPIO
}
```

对系统定时器进行初始化，从调用处获取系统时钟的参数。

```
void SysTick_Init(u8 SYSCLK)
{
SysTick_CLKSourceConfig(SysTick_CLKSource_HCLK_Div8);
fac_us=SYSCLK/8;
fac_ms=(u16)fac_us*1000;
}
```

4）编写延时函数。固件提供了基于系统定时器的标准微秒、毫秒延时函数，可以直接调用。

```
/* 延时 nus，nus 为要延时的微秒数 */
void delay_us(u32 nus)
{
u32 temp;
SysTick->LOAD=nus*fac_us;                //加载时间
SysTick->VAL=0x00;                       //清空计数器
SysTick->CTRL|=SysTick_CTRL_ENABLE_Msk ; //开始倒数
do
{
    temp=SysTick->CTRL;
}while((temp&0x01)&&!(temp&(1<<16)));     //等待时间到达
SysTick->CTRL&=~SysTick_CTRL_ENABLE_Msk; //关闭计数器
SysTick->VAL=0X00;                       //清空计数器
}
```

/*延时 nms，注意 nms 的范围。SysTick->LOAD 为 24 位寄存器，所以最大延时为 nms≤0xffffff*8*1000/SYSCLK。SYSCLK 的单位为 Hz，nms 的单位为 ms。在 72MHz 的条件下，nms≤1864*/

```
void delay_ms(u16 nms)
{
u32 temp;
SysTick->LOAD=(u32)nms*fac_ms;//加载时间(SysTick->LOAD 为 24bit)
SysTick->VAL=0x00;                         //清空计数器
SysTick->CTRL|=SysTick_CTRL_ENABLE_Msk ; //开始倒数
do
```

```
    {
        temp=SysTick->CTRL;
    }while((temp&0x01)&&!(temp&(1<<16)));      //等待时间到达
    SysTick->CTRL&=~SysTick_CTRL_ENABLE_Msk; //关闭计数器
    SysTick->VAL=0X00;                         //清空计数器
}
```

5）编写主函数。

调用 SysTick_Init()和 SMG_Init()函数进行系统初始化，设置时、分、秒的初始值为 0。在动态显示部分，使用 GPIO_Write()函数对端口进行写操作。其中，对 PB 口写入数码管的位选码。该位选码有 0x0001、0x0002、0x0004、x0008、0x0010、0x0020，分别对应选中其中一位数码管。再对 PA 口写入该位数码管需要显示数字的段选码。时、分、秒各自有两位，分别用对应的变量进行除十和余十计算，获得十位和各位的值，再到数组 smgduan[]中获得段选码。

```
    u8 smgduan[]={0xc0,0xf9,0xa4,0xb0,0x99,0x92,0x82,0xf8,0x80,
0x90,0x88}; //共阳数码管段码表
    int main()
    {
        u16 i=0;
        SysTick_Init(72);
        SMG_Init();
        sec=0;min=0;hour=0;
        while(1)
        {
            GPIO_Write(GPIOB,0x0020);  GPIO_Write(GPIOA,(u16)
(smgduan[sec%10]));  delay_ms(10);
            GPIO_Write(GPIOB,0x0010);  GPIO_Write(GPIOA,(u16)
(smgduan[sec/10]));  delay_ms(10);
            GPIO_Write(GPIOB,0x0008);  GPIO_Write(GPIOA,(u16)
(smgduan[min%10]));  delay_ms(10);
            GPIO_Write(GPIOB,0x0004);  GPIO_Write(GPIOA,(u16)
(smgduan[min/10]));  delay_ms(10);
            GPIO_Write(GPIOB,0x0002);  GPIO_Write(GPIOA,(u16)
(smgduan[hour%10]));  delay_ms(10);
            GPIO_Write(GPIOB,0x0001);  GPIO_Write(GPIOA,(u16)
(smgduan[hour/10]));  delay_ms(10);
            i++;
            if(i==1000) {sec++;i=0;}
            if(sec==60) {sec=0;min++;}
            if(min==60) {min=0;hour++;}
            if(hour==24) hour=0;
        }
    }
```

（4）仿真结果

数码管最左侧两位是小时数，中间两位是分钟数，最右侧两位是秒数。

启动 Proteus 软件并仿真后，数码管最右侧的秒的个位，每秒增加 1，其余左侧各位按对应的时间依次进位和变化。6 位数码管时钟显示的仿真结果如图 3.14 所示。

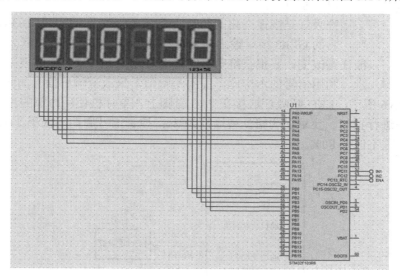

图 3.14　6 位数码管时钟显示的仿真结果

可以单击"暂停"按钮，观察数码管的动态显示过程。在动态显示中，任何时刻有且仅有一位数码管被位选通。如图 3.15 所示，PB5 是唯一的高电平，对应这一瞬间在显示秒的个位，持续 10ms。下一个 10ms 将显示秒的十位。因为人眼的视觉暂留效果，所以看起来是连续稳定的多位显示。动态显示可以节省多位数码管所需的单片机端口数量。

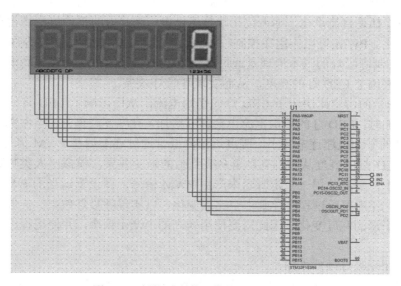

图 3.15　暂停观察数码管的动态显示过程

手把手带你实现
呼吸灯

2. 呼吸灯的设计与仿真

（1）系统框图

呼吸灯是规律变化的明暗交替灯光。对于 STM32F103R6 单片机而言，它的 GPIO 接口输出信号是数字信号，电平仅有高低之分，幅值不能任意改变。要想获得明暗交替的灯光显示效果，就需要采用 PWM 技术，利用信号的占空比，而不是幅值，来改变输出信号的强度。

如图 3.16 所示，LED 呼吸灯连接在 PA6 引脚上，单片机使用内部的通用定时器输出 PWM 波进行控制。要求：明暗交替周期为 3s；控制信号周期不低于 1kHz；占空比最大变化范围不低于 80%。

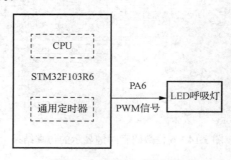

图 3.16　呼吸灯系统框图

（2）PWM 简介

PWM 是一种模拟控制方式，其根据相应载荷的变化来调制晶体管基极或 MOS 场效晶体管栅极的偏置，以此来实现晶体管或 MOS 管导通时间的改变，从而达到改变输出载荷两端的有效电压或电流的目的。PWM 信号仍然是数字的，由于在给定的任何时刻，满占空比都是直流供电，零占空比就是无供电，因此电的平均值在满占空比和零占空比之间变化。PWM 可以应用在控制、测量、通信、功率控制与变换等许多领域中。

PWM 控制呼吸灯的基本原理是通过改变 PWM 信号的占空比（即高电平时间与周期的比值）来调节 LED 灯的亮度，从而实现呼吸灯效果。

PWM 信号的占空比决定了 LED 灯的平均电流，从而影响了 LED 灯的亮度。当占空比逐渐增加时，LED 灯的平均电流也会逐渐增加，亮度逐渐提升；当占空比逐渐减小时，LED 灯的平均电流逐渐减小，亮度逐渐降低。通过连续调整 PWM 信号的占空比，可以实现 LED 灯的亮度从暗到亮、再从亮到暗的渐变效果，模拟出人类呼吸的节奏。在具体实现中，需要使用一个定时器来产生 PWM 信号，并设置适当的 PWM 频率和占空比。同时，还需要通过程序控制占空比的变化，以实现呼吸灯效果。一般来说，呼吸灯效果需要平滑的亮度变化，因此需要使用较高的 PWM 频率，并使用程序逐渐改变占空比的值。

（3）设计呼吸灯硬件电路

按照项目 2 中的 LED 连接方式，将其连接在单片机 PA6 引脚上。置入数字示波器，方便观察 PWM 控制信号。数字示波器的模型名称为 Digital Oscilloscope，在侧边栏的 Virtual Instruments Mode（虚拟仪器模式）中可以找到。该数字示波器最多可以同时观察 4 路信号，本项目只使用其中一路，将其连接到 PA6 引脚，如图 3.17 所示。

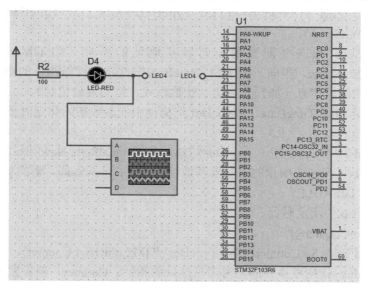

图 3.17　呼吸灯的硬件电路图

为了获得较好的呼吸灯仿真观察效果，可以配置 LED 的最短响应时间。双击 LED，在打开的"编辑元件"对话框中设置其参数"Advanced Properties（高级属性）"，在其下拉列表中选择"Minimum on time to light（最短响应时间）"选项，并将其设置为 100m（指 100ms），如图 3.18 所示。

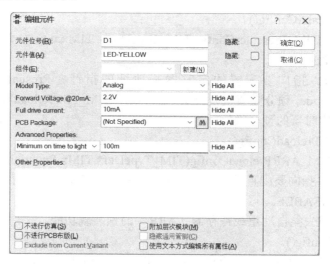

图 3.18　配置呼吸灯的最短响应时间

（4）呼吸灯程序设计

1）通用定时器的相关库函数。

① TIM_TimeBaseInit()。

原型：void TIM_TimeBaseInit(TIM_TypeDef*TIMx,TIM_TimeBaseInitTypeDef* TIM_TimeBaseInitStruct)。

参数：TIMx，指向要配置的定时器基地址的指针（如 TIM1、TIM2 等）；TIM_TimeBaseInitStruct，指向一个 TIM_TimeBaseInitTypeDef 结构体的指针，该结构体包含了定时器的配置信息（如预分频值、计数模式、自动重载值等）。

功能：根据 TIM_TimeBaseInitTypeDef 结构体中的参数初始化定时器。

② TIM_Cmd()。

原型：void TIM_Cmd(TIM_TypeDef* TIMx,FunctionalState NewState)。

参数：TIMx，指向要操作的定时器基地址的指针；NewState，新的功能状态，可以是 ENABLE 或 DISABLE。

功能：开启或关闭定时器。

③ TIM_SetCounter()。

原型：void TIM_SetCounter(TIM_TypeDef* TIMx,uint16_t Counter)。

参数：TIMx，指向要操作的定时器基地址的指针。Counter，要设置的计数器值。

功能：设置定时器的当前计数器值。

④ TIM_GetCounter()。

原型：uint16_t TIM_GetCounter(TIM_TypeDef* TIMx)。

参数：TIMx，指向要读取的定时器基地址的指针。

返回值：定时器的当前计数器值。

功能：获取定时器的当前计数器值。

⑤ TIM_PrescalerConfig()。

原型：void TIM_PrescalerConfig(TIM_TypeDef* TIMx,uint16_t Prescaler,uint16_t TIM_PSCReloadMode)。

参数：TIMx，指向要配置的定时器基地址的指针；Prescaler，预分频值；TIM_PSCReloadMode，预分频值重载模式（通常使用 TIM_PSCReloadMode_Immediate）。

功能：设置定时器的预分频值。

⑥ TIM_ARRPreloadConfig()。

原型：void TIM_ARRPreloadConfig(TIM_TypeDef* TIMx,FunctionalState NewState)。

参数：TIMx，指向要配置的定时器基地址的指针；NewState，新的功能状态，可以是 ENABLE 或 DISABLE。

功能：使能或失能自动重载寄存器（ARR）的预装载功能。

⑦ TIM_ITConfig()。

原型：void TIM_ITConfig(TIM_TypeDef* TIMx,uint16_t TIM_IT,FunctionalState NewState)。

参数：TIMx，指向要配置的定时器基地址的指针；TIM_IT，要配置的中断类型（如 TIM_IT_Update、TIM_IT_CC1 等）；NewState，新的功能状态，可以是 ENABLE 或 DISABLE。

功能：使能或失能定时器的特定中断。

⑧ TIM_GetITStatus()。

原型：ITStatus TIM_GetITStatus(TIM_TypeDef* TIMx,uint16_t TIM_IT)。

参数：TIMx，指向要读取的定时器基地址的指针；TIM_IT，要检查的中断类型。

返回值：中断状态，可以是 SET 或 RESET。

功能：检查定时器的特定中断是否已被设置。

⑨ TIM_ClearITPendingBit()。

原型：void TIM_ClearITPendingBit(TIM_TypeDef* TIMx,uint16_t TIM_IT)。

参数：TIMx，指向要操作的定时器基地址的指针；TIM_IT，要清除的中断类型。

功能：清除定时器的特定中断标志。

⑩ TIM_OCInitStruct()。

指向一个 TIM_OCInitTypeDef 结构体的指针，该结构体包含了 PWM 输出的配置信息（如模式、输出比较值、极性、空闲状态行为等）。

功能：初始化定时器的输出比较通道以用于 PWM 输出。对于不同的通道（如 OC1、OC2 等），需要调用相应的函数（如 TIM_OC1Init、TIM_OC2Init 等）。

⑪ TIM_SetComparex()。

原型：void TIM_SetComparex(TIM_TypeDef* TIMx,uint16_t Compare1)。

参数：TIMx，指向要操作的定时器基地址的指针；Compare1，要设置的比较值。

功能：设置定时器的输出比较寄存器的值。这个函数实际上有一系列变体，如 TIM_SetCompare1、TIM_SetCompare2 等，用于设置不同的输出比较通道的比较值。

⑫ TIM_OCxPreloadConfig()。

原型：void TIM_OCxPreloadConfig(TIM_TypeDef* TIMx,uint16_t TIM_OCPreload)。

参数：TIMx，指向要配置的定时器基地址的指针；TIM_OCPreload，预装载配置，可以是 TIM_OCPreload_Enable 或 TIM_OCPreload_Disable。

功能：使能或失能输出比较寄存器的预装载功能。同样，这个函数也有针对不同通道的变体。

⑬ TIM_ARRPreloadConfig()。

原型：void TIM_ARRPreloadConfig(TIM_TypeDef* TIMx,FunctionalState NewState)。

参数：TIMx，指向要配置的定时器基地址的指针；NewState，新的功能状态，可以是 ENABLE 或 DISABLE。

功能：使能或失能自动重载寄存器的预装载功能。

2）设计呼吸灯程序流程。

本程序的初始化包括对 GPIO 口、通用定时器的时基、通用定时器的输出比较分别进行初始化。

定时器要输出 PWM 波时，有两个关键的参数：定时器的自动重载值和捕获比较值。PWM 波的周期由定时器的自动重载值确定；在确定自动重载值之后，由捕获比较值控制 PWM 波的占空比。

在本程序中，固定自动重载值，捕获比较值不断加 1，就能使 PWM 波的占空比小幅连续变化，直到呼吸灯亮度达到最大再从头开始，如图 3.19 所示。

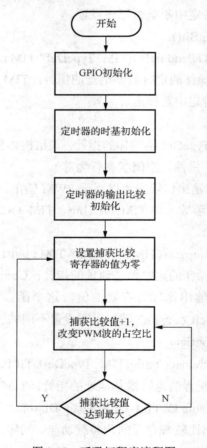

图 3.19　呼吸灯程序流程图

3）编写关键代码段。

① 首先，打开相应的总线时钟。注意，此处除 GPIOA 和定时器 TIM3 的总线时钟外，还要加入挂载在 APB2 上的 AFIO 时钟。AFIO 是端口复用模块，在涉及端口复用为定时器的比较输出时，需要开启其总线时钟。

```
RCC_APB2PeriphClockCmd(RCC_APB2Periph_GPIOA,ENABLE);
RCC_APB1PeriphClockCmd(RCC_APB1Periph_TIM3,ENABLE);
RCC_APB2PeriphClockCmd(RCC_APB2Periph_AFIO,ENABLE);
```

② 对 GPIO 接口进行配置，包括激活 GPIO 接口的总线时钟、选择引脚、配置端口的工作模式、配置 GPIO 接口的工作速度、使能 GPIO 接口。

```
GPIO_InitStructure.GPIO_Pin=GPIO_Pin_6;
GPIO_InitStructure.GPIO_Speed=GPIO_Speed_50MHz;
GPIO_InitStructure.GPIO_Mode=GPIO_Mode_AF_PP;//复用推挽输出模式
GPIO_Init(GPIOA,&GPIO_InitStructure);
/*  配置 GPIO 的模式和 I/O 接口 */
GPIO_InitStructure.GPIO_Pin=GPIO_Pin_6;
```

③ 进行通用定时器的时基配置。两个参数 per 和 psc 是定时器的自动重载值和预分频系数。在调用这个函数时，指定这两个参数，就能设置定时器的时间间隔。具体的公式为(per-1)(psc-1)=72MHz。其中，per 和 psc 的取值为 1～65536 的整数。

```
TIM_TimeBaseInitStructure.TIM_Period=per;          //自动重载值
TIM_TimeBaseInitStructure.TIM_Prescaler=psc;        //预分频系数
TIM_TimeBaseInitStructure.TIM_ClockDivision=TIM_CKD_DIV1;
TIM_TimeBaseInitStructure.TIM_CounterMode=TIM_CounterMode_Up; /*设置
向上计数模式*/
TIM_TimeBaseInit(TIM3,&TIM_TimeBaseInitStructure);

TIM_OCInitStructure.TIM_OCMode=TIM_OCMode_PWM1;
TIM_OCInitStructure.TIM_OCPolarity=TIM_OCPolarity_Low;
TIM_OCInitStructure.TIM_OutputState=TIM_OutputState_Enable;
TIM_OC1Init(TIM3,&TIM_OCInitStructure); //输出比较通道 1 初始化

TIM_OC1PreloadConfig(TIM3,TIM_OCPreload_Enable); /*使能 TIMx 在 CCR1
的预装载寄存器*/
TIM_ARRPreloadConfig(TIM3,ENABLE);    //使能预装载寄存器

TIM_Cmd(TIM3,ENABLE);                 //使能定时器
```

④ 编写主函数。在主函数中，调用 SysTick_Init()、LED_Init()、TIM3_CH1_PWM_Init() 函数进行初始化。其中，SysTick_Init()中的参数 72，对应 72MHz 主频，便于在后续使用系统定时器时产生标准毫秒时间。在 TIM3_CH1_PWM_Init()中设置参数为 500-1 和 72-1，对应自动重载值为 500，预分频系数为 72，对应的 PWM 波频率为 2kHz。

在主循环中，每次循环的时间约为 6ms，由系统定时器提供的毫秒延时函数提供，和循环次数相乘，使明暗变化周期约为 3s。每次循环使循环变量 i 自增 1，i 的变化范围是 0～490，其上限不能超过已经设置的自动重载值 500；调用 TIM_SetCompare1()函数，将 i 的即时值设置为捕获比较值，使 PWM 波的占空比随之变化。

```
int main()
{
    u16 i=0;
    SysTick_Init(72);
    LED_Init();
    TIM3_CH1_PWM_Init(500-1,72-1); //频率是 2 kHz

    while(1)
    {
        i++;
        if(i==490) i=0;
        TIM_SetCompare1(TIM3,i);//i 值最大可以取 499,因为 ARR 的最大值是 499
        delay_ms(6);
    }
}
```

（5）仿真结果

在 Proteus 软件中运行，仿真结果如图 3.20 所示，可以观察到 LED 的亮度以 3s 为周期不断变化。

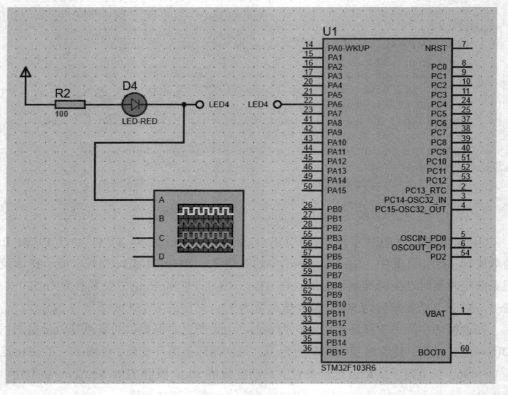

图 3.20　呼吸灯的仿真效果

在自动打开的数字示波器窗口中，可以观察到 A 路的 PWM 波形。如果不慎关闭了该窗口，则再次仿真时不会自动打开，需要手动选择"调试"→"数字示波器"选项。

在数字示波器中，可以通过设置横轴时间步长，测算 PWM 波形的周期；也可以观察到波形的占空比随着时间在明显改变，而 LED 的亮度也随之改变。在这个过程中，波形的幅值是保持一定的，如图 3.21 所示。

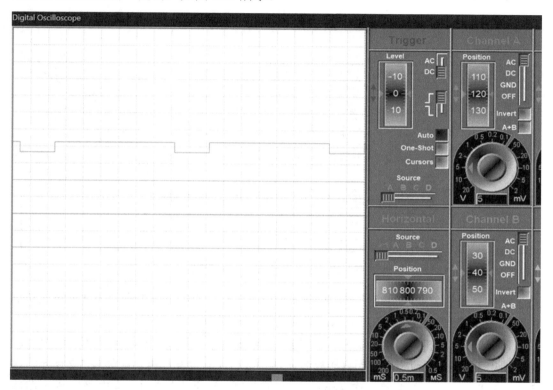

图 3.21   在数字示波器中观察 PWM 波形

3. 单片机定时器控制直流电动机

（1）设计要求与思路

灯光秀喷泉，需要随着时间的推移，不断地变化喷水高度及喷水速度。具体要求如下。

单片机如何控制直流电动机

1）具备按键控制喷水速度的功能，共计 9 个速度挡位。

2）电动机具备正转和反转的功能。

用单片机来控制直流电动机，直流电动机运转得越快，则喷水高度越高。

这里采用 PWM 的方式来进行直流电动机的控制。PWM 控制避免了波形幅值的变化，只用变化波形的占空比（即高电平时间占比），就能使外部执行器的执行速率发生变化。此外，设置两个外部按键作为人机交互，作用是调整 PWM 波占空比的挡位。

（2）硬件电路设计

1）选择和配置直流电动机仿真模型。在主界面单击蓝色 Pick 按键进入元器件选择，输入 motor 关键字进行查询，可以看到 Proteus 提供的多个电动机仿真模型。选择 MOTOR-DC，如图 3.22 所示。它是带有转速和转向显示的两端口直流电动机。

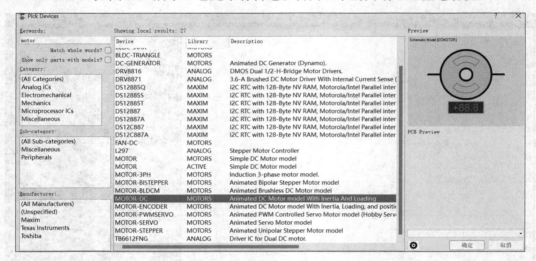

图 3.22　选择直流电动机仿真模型

将仿真模型放置到电路图中，双击该模型，在打开的对话框中进行配置，将电动机的驱动电压修改为 12V，并对应修改相应的供电电压为 12V。

2）选择电动机驱动芯片。STM32 的引脚输出电流不足以直接驱动直流电动机。因此，使用 L298N 驱动芯片作为直接控制元件。该芯片的主要逻辑功能如表 3.2 所示。在该表中，ENA 是允许 A 路工作（enable A）的意思，这个引脚为 1（高电平）是 A 路能工作的前提条件,否则无论控制引脚 IN1 和 IN2 电平如何（表中 X 表示任意为 0 或者 1），都将保持停止状态。引脚 IN1 和 IN2 控制电动机运转的方向，两个引脚电平相同的时候直流电动机将制动，电平不同的时候，根据电平方向进行正转或者反转。

表 3.2　L298N 芯片的主要逻辑功能

ENA	IN1	IN2	直流电动机的状态
0	X	X	停止
1	0	0	制动
1	0	1	正转
1	1	0	反转
1	1	1	制动

L298N 的 IN1～IN4 引脚是其直接驱动引脚，ENA 和 ENB 是两路独立的使能控制引脚。在满足使能引脚为 1 的前提下，每路驱动引脚有逻辑 0 和 1 的差别，则将对应地产生正反转输出信号。当使能引脚为 0 时，不能输出转动信号。

3）连接电路。在本任务中，将 L298N 驱动芯片的 ENA 稳定接高电平，保持开启状态。

单片机的 PA6 引脚作为输出端，接 L298N 的 IN1 引脚，并通过一个反相器 74HC04 之后，接 IN2 引脚。

直流电动机连接在 L298N 的 OUT1 和 OUT2 之间。

引入两个按键 Button，连接在 PA1 引脚和 PA2 引脚，作为正向加速和减速（反向加速）控制按键。

最终形成的控制电路如图 3.23 所示。

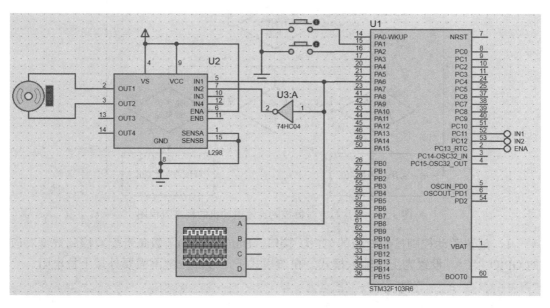

图 3.23　直流电动机的控制电路图

（3）软件设计

根据功能需要，绘制直流电动机的控制流程图，如图 3.24 所示。

在单片机操作呼吸灯的基础上，将继续添加定时器输出 PWM 波的代码段。在 pwm.c 源代码文件中，找到 void PWM_Init()函数。

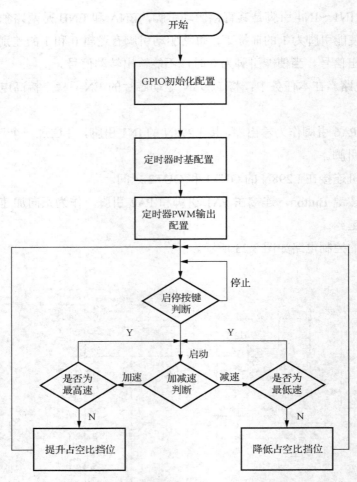

图 3.24　单片机定时器控制直流电动机的程序流程图

1）配置手动控制按键对应的 GPIO 接口。Button_Init()函数负责配置控制按键对应的 GPIO 接口，设置为上拉输入模式。在该模式下，外部按键不需要外接上拉电阻。

```
void Button_Init()
{
    GPIO_InitTypeDef GPIO_InitStructure;                //定义结构体变量
    RCC_APB2PeriphClockCmd(Button_PORT_RCC,ENABLE);
    GPIO_InitStructure.GPIO_Pin=Button_PIN;             //选择要设置的 I/O 接口
    GPIO_InitStructure.GPIO_Mode=GPIO_Mode_IPU;         //设置上拉输入模式
    GPIO_InitStructure.GPIO_Speed=GPIO_Speed_50MHz;     //设置传输速率
    GPIO_Init(Button_PORT,&GPIO_InitStructure);         //初始化 GPIO
}
```

2）配置 PWM 复用的 GPIO 接口。PA6 引脚负责对 PWM 波进行输出，将其设置为复用推挽输出模式。

```
GPIO_InitStructure.GPIO_Pin=GPIO_Pin_6;
GPIO_InitStructure.GPIO_Speed=GPIO_Speed_50MHz;
GPIO_InitStructure.GPIO_Mode=GPIO_Mode_AF_PP;//复用推挽输出模式
GPIO_Init(GPIOA,&GPIO_InitStructure);
```

3）配置定时器时基。选择通用定时器 TIM3 作为定时输出模块。在 pwm.c 文件中，有自定义函数 TIM3_CH1_PWM_Init(u16 per,u16 psc)，在其中进行定时器的相关配置。该函数的形式参数 per 代表自动重载值，对应波形的周期；psc 代表预分频系数。

```
TIM_TimeBaseInitStructure.TIM_Period=per;           //自动重载值
TIM_TimeBaseInitStructure.TIM_Prescaler=psc;        //预分频系数
TIM_TimeBaseInitStructure.TIM_ClockDivision=TIM_CKD_DIV1;
TIM_TimeBaseInitStructure.TIM_CounterMode=TIM_CounterMode_Up; /*设置
向上计数模式*/
TIM_TimeBaseInit(TIM3,&TIM_TimeBaseInitStructure)
```

4）配置比较捕获单元，准备输出 PWM 波形。

```
TIM_OCInitStructure.TIM_OCMode=TIM_OCMode_PWM1;
TIM_OCInitStructure.TIM_OCPolarity=TIM_OCPolarity_Low;
TIM_OCInitStructure.TIM_OutputState=TIM_OutputState_Enable;
TIM_OC1Init(TIM3,&TIM_OCInitStructure);             //初始化输出比较通道1
TIM_OC1PreloadConfig(TIM3,TIM_OCPreload_Enable);/*使能TIMx在 CCR1 上
的预装载寄存器*/
TIM_ARRPreloadConfig(TIM3,ENABLE);                  //使能预装载寄存器
TIM_Cmd(TIM3,ENABLE);                               //使能定时器
```

5）设计主函数。主函数的局部变量 flag 代表速度挡位，默认为 3。

调用 TIM3_CH1_PWM_Init()函数，设置定时器的自动重载值为 500-1，预分频值为72，对应波形周期为 2kHz。

使用 GPIO_ReadInputDataBit()库函数进行按键判断；PA1 对应的按键为正向加速，PA2 对应的按键为反向加速。每次按键，变更 1 级挡位。使用库函数 TIM_SetCompare1()设置不同的比较值，产生脉宽不同的 PWM 波形。转速挡位在 1～9 之间变化。

"while(!GPIO_ReadInputDataBit(Button_PORT,GPIO_Pin_1));"语句可以确保按键松开后再进入下一轮判断。

```
int main()
{   u8 flag=3;
    u16 i=0;
    SysTick_Init(72);
    Button_Init();
    TIM3_CH1_PWM_Init(500-1,72-1);
    while(1)
    {
        if(!GPIO_ReadInputDataBit(Button_PORT,GPIO_Pin_1)) /*如果按键
被按下*/
        {   if(flag<9)
```

```
            flag++;
        else flag=9;
        while(!GPIO_ReadInputDataBit(Button_PORT,GPIO_Pin_1));
    }
    if(!GPIO_ReadInputDataBit(Button_PORT,GPIO_Pin_2))
    {   if(flag>1)
            flag--;
        else flag=1;
        while(!GPIO_ReadInputDataBit(Button_PORT,GPIO_Pin_2));
    }
  i=flag*50;
    TIM_SetCompare1(TIM3,i);//i 值最大可以取 499,因为 ARR 的最大值是 499
    delay_ms(20);
  }
}
```

（4）直流电动机控制电路的仿真

开始仿真后，直流电动机的转速默认在 3 挡。按下+或−按键，可以在数字示波器中观察到 PWM 波的占空比发生对应的变化，直流电动机的转速也有相应的数值和方向显示。

其中，1 挡是反向最大转速，5 挡接近静止状态，9 挡是正向最大转速。各挡位的仿真结果如图 3.25～图 3.28 所示。

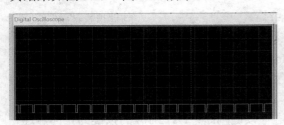

图 3.25　1 挡的仿真结果（反向最大转速）

图 3.26　3 挡的仿真结果（默认挡位）

图 3.27　5 挡的仿真结果（接近静止状态）

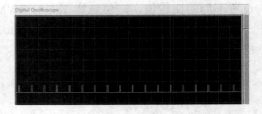

图 3.28　9 挡的仿真结果（正向最大转速）

任务实施

根据任务的功能需求，利用本书提供的电路图、程序工程文件，使用 Keil 软件进行编译，生成 HEX 文件，然后使用 Proteus 软件绘制电路图、加载 HEX 文件并运行。观察记录相应的定时显示、呼吸灯强弱变化效果、直流电动机的转速控制结果等，并完成表 3.3 所示的任务实训报告。

表 3.3 智慧景观定时控制系统实训报告

任务描述
应用场景描述。

实训准备
1. 分析系统的主要功能单元及系统的整体架构，画出系统的硬件组成框图。
2. 定时器的选择和配置。

任务实施
1. 实训内容及步骤。 （1）电路设计图。

图 1 电路设计图

（2）程序流程图。

图 2 程序流程图

（3）程序关键代码。

2．系统搭建与测试中的问题及解决方法。

总结与提高

请总结本次任务的兴趣点、成就点和疑虑点。

兴趣点：

成就点：

疑虑点：

考核与评价

1．自我评价

个人签字：　　　　　　　日期：

2．组长评价

组长签字：　　　　　　　日期：

3．教师评价

教师签字：　　　　　　　日期：

项目4　智慧景观电源电压采集系统——ADC 应用

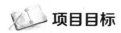 **项目目标**

通过本项目的教学，学生理解相关知识之后，应达成以下目标。

知识目标

1）了解锂电池、蜂鸣器的相关知识。

2）了解常见 ADC 的分类、型号和参数。

3）理解 STM32F103 单片机片内 ADC 的工作原理。

4）理解 LCD1602 的工作原理。

5）掌握 STM32F103 单片机 ADC 的库函数和参数的配置方法。

能力目标

1）能绘制电源电压采集系统的总体框架图。

2）能设计电源电压采集系统的硬件电路。

3）能设计 STM32F103 单片机 ADC 应用的软件代码。

4）能设计典型液晶显示器的硬件电路及软件代码。

5）能通过软硬件联合调试实现电源电压采集系统的功能。

素质目标

1）提升信息收集整理的能力。

2）提升与人交流、与人合作的能力。

3）培养细致入微、洞察秋毫的职业素养。

 导入案例

在流光溢彩的城市智慧景观中，各类照明灯饰、动态雕塑、光影互动装置、智慧座椅等，不断愉悦着市民的身心。它们无一例外，都离不开稳定的电源供给。除了传统的交流市电，许多城市智慧景观设施还需要直流电池供电。例如，太阳能路灯（图 4.1），它白天采集太阳能，储存在锂电池中，夜晚释放电能提供照明，这样可以节省大量市政用电，是广泛运用的节能减排绿色产品。

智慧景观系统需要实时掌握电池储存的电量有多少，并给出及时的提示或采取合适的电能使用策略。这离不开电源电压采集系统。电源电压采集系统可对电源的输出电压进行实时监测，通过 ADC 将模拟电压值转化为单片机便于识别和存储的数字量，再将处理结果发送给相应的显示设备或执行设备。

彩图 4.1

图 4.1　城市景观照明中的太阳能路灯

任务 4.1　系统方案设计

 任务描述

　　假如你是一名单片机工程师，需要基于 STM32F103R6 单片机进行电源电压采集系统的开发。要求能实现锂电池电压的快速采集，通过 ADC 将模拟量转化为数字量，并将采集的结果通过小型 LCD 进行显示。请调研 ADC 芯片和 STM32F103R6 单片机自带的片上 ADC 模块的资料，完成一份锂电池电压采集系统中 ADC 的选型表。需要明确 3 个以上的 ADC 具体型号、参数，以及在锂电池电压采集场景中的优缺点。

 任务资讯

　　1. 系统的总体组成及功能

走近智慧景观电源
电压采集系统

　　一个完备的电源电压采集系统包含以下组成部分。
　　1）电压采集电路：这是系统的信息获取部分，负责实时采集电源的电压数据。根据电源的特性，可能需要设计特定的电路结构来准确测量电池的电压，如使用继电器切换或压/频转换电路采集法等。
　　2）A/D 芯片：模拟到数字的转换器，用于将电压采集电路采集到的模拟电压信号转换为数字信号，以便单片机进行处理和分析。

3）单片机：作为系统的控制中心，单片机负责接收来自 A/D 芯片的数字电压信号，进行数据处理、存储和传输。单片机还可以根据预设的算法和逻辑，对采集到的电压数据进行进一步的分析和处理，如计算电池的剩余容量、预测电池的使用寿命等。

4）通信接口：为了将采集到的电压数据传输到上位机或其他设备进行分析和显示，系统通常配备通信接口，如 UART、SPI、I2C 等，以便与其他设备进行数据交互。

5）显示处理模块：如显示屏、按键、报警器等，以便用户能够直观地了解电池的电压状态和系统的工作状态。

针对本项目的实际需求，锂电池采用一种内阻较小、电压幅值变化较慢的直流电压源，不需要特别的电压采集电路；ADC 模块采用独立芯片或单片机自带的片上 ADC，待调研后确定；电池电压可以通过液晶显示器进行显示，欠电压时能由蜂鸣器发声报警。智慧景观锂电池电压采集系统的结构框图如图 4.2 所示。

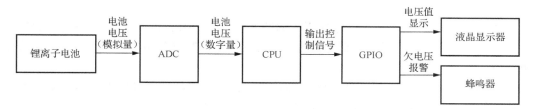

图 4.2　智慧景观锂电池电压采集系统的结构框图

该系统的功能如下。

1）实时采集锂电池的电压，变化范围为 3.0～4.2V。

2）将采集到的电压显示在液晶显示器上，数据显示的更新周期为 1s。

3）为了减少干扰、提高数据精度，每次显示的数据应由连续采集的 20 个结果进行平均值滤波获得。

4）当锂电池的电压低于 3.5V 时，液晶显示器额外显示提示信息，并接通蜂鸣器电路发声报警。

2．外围元器件

（1）锂电池

1）锂电池的发展历史。锂电池是一种以锂金属或锂合金作为负极材料，并使用非水电解质溶液的电池。自 20 世纪 70 年代起，锂电池便开始了其波澜壮阔的发展历程。

20 世纪 70 年代，埃克森美孚公司的斯坦利·惠廷厄姆采用硫化钛作为正极材料、金属锂作为负极材料，制成了首个锂电池，并因此获得了诺贝尔化学奖。但因为锂金属的化学特性非常活泼，锂金属的加工、保存、使用对环境要求非常高，所以锂电池长期没有得到应用。

新能源时代的新星
——锂电池

直到 20 世纪 80 年代，锂电池才有了重大突破。锂电池的负极材料采用了嵌锂化合物，从而成功解决了锂枝晶现象的问题，提高了电池的使用寿命与安全性。从此，锂电池开始进入商业应用阶段。

进入 21 世纪，随着科技的飞速发展，锂电池技术也在不断进步。锂电池的能量密度不断提高，充电速度越来越快，使用寿命也越来越长，这使其在手机、计算机、电动车等众多领域得到了广泛应用。

2）锂电池的应用。锂电池以其高能量密度、长循环使用寿命、无记忆效应等优点，被广泛应用于各领域。

① 消费电子产品：手机、平板电脑、笔记本电脑等便携式电子设备是锂电池的主要应用领域。这些设备需要长时间、稳定的电源供应，而锂电池正好能满足这一需求。

② 电动交通：新能源小汽车、电动公交车等交通工具也大量使用锂电池。锂电池的高能量密度使这些交通工具能够行驶更远的距离，而快速充电技术也使充电变得更加便捷。

③ 储能系统：锂电池也广泛应用于储能系统，如太阳能和风能发电站的储能系统。这些系统可以在电力需求低时储存电能，然后在需求高时释放电能，从而实现电能的稳定供应。

3）锂电池的参数。了解锂电池的参数对于正确使用和选择锂电池具有重要意义。除传统的电压、电流值外，锂电池还有一些特定的参数。

① 能量密度：单位体积或单位质量所能提供的电能，是评价锂电池性能的重要指标。能量密度越高，锂电池的续航能力就越强。

② 循环使用寿命：锂电池在充放电循环中的使用寿命。循环次数越多，说明锂电池的耐用性越好。

③ 充电速度：锂电池从低电量到充满电所需的时间。充电速度越快，用户等待的时间就越短。

④ 自放电率：锂电池在存放过程中电量自然流失的速率。自放电率越低，锂电池的保存性能就越好。

4）城市智慧景观中的锂电池。锂电池为智慧城市景观系统提供了可靠的电力支持。景观系统通常包括各类照明设备、电子显示器、传感器等，这些设备需要稳定、持续的电力供应。锂电池具有高能量密度和长使用寿命的特点，这能够满足景观系统对电力的需求，以确保设备的正常运行。

锂电池的应用有助于实现景观系统的智能化管理。通过锂电池与智能控制系统的结合，可以实现对景观设备的远程监控和智能调度。例如，可以根据天气、时间等条件自动调节灯光亮度，实现节能减排；同时，还可以通过数据分析优化能源使用，从而提高能源的利用率。

锂电池在智慧城市景观系统中还具有环保优势。相比传统的铅酸电池，锂电池不含有害物质，对环境友好。同时，锂电池的回收和再利用也更加方便，有助于减少废弃电池对环境的污染。

锂电池可以广泛应用于路灯、景观灯、草坪灯等照明设备中。这些设备通常安装在户外，需要经受风吹雨打等的考验。锂电池的高能量密度和长使用寿命使它们成为这些设备的理想电源选择。此外，锂电池还可以用于电子显示器、喷泉等景观设施的供电，为城市带来更加丰富多彩的视觉效果。

5）典型的锂电池产品。

① 亿纬锂能的锂/二氧化锰（Li/MnO_2）电池，如图 4.3 所示，是一种出色的原电池产品，它的标称容量最高可达 3000mAh，比能量高达 400W·h/kg；具备较高的高脉冲放电能力；单体电池最大脉冲电流最高可达 4000mA；自放电低，年自放电率<1%；有着较宽的温度应用范围：柱式为-40～85℃，纽扣式为-40～150℃，软包电池为-40～60℃；结构设计独特，安全性和可靠性高。

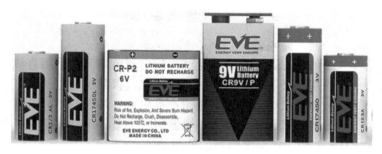

图 4.3　亿纬锂能的锂/二氧化锰电池

② 惠德技术的 HD2250-NP210E 锂电池模组，如图 4.4 所示。其内部采用固态电解液及叠片技术，倍率放电性能和深度放电效率高，具有高智能电池管理系统（battery management system，BMS），符合安全、节能、环保的价值理念，尤其适用于对无人机等智慧电子产品供电。

图 4.4　惠德技术的 HD2250-NP210E 锂电池模组

它的储能系统容量为 1.11kW·h，额定容量为 50Ah，额定放电功率为 16.65kW，输出电压范围为 16.5～25.2V，额定电压为 22.2V。电池质量为 4kg，电池模组尺寸 400mm×120mm×145mm（长×宽×深）。具有快充能力，1h 充电后的荷电状态（state of charge，SoC）达到 100%。还具备 RJ-45/RS-485/SMBUS 对外通信接口。

③ 德力普太阳能路灯锂电池，如图 4.5 所示。它专用于照明设备的储能和供电，每

单元储量为 650mAh，输出电压为 9V；电池的使用寿命为 800 次循环，具有过充电、过热和过电压保护功能；低自放电，无须预充电，不使用 3 年后保持 80%的初始容量；输出电流为 1～2A；电池尺寸为 1.89in×1.02in×0.71in（高×长×深）（1in=2.54cm）。

图 4.5　德力普太阳能路灯锂电池

（2）蜂鸣器

蜂鸣器——让电信号变成声音

蜂鸣器是一种一体化结构的电子讯响器，采用直流电压供电，广泛应用于计算机、打印机、复印机、报警器、电子玩具、汽车电子设备、电话机、定时器等电子产品中，作为发声器件。蜂鸣器主要分为压电式蜂鸣器和电磁式蜂鸣器两种类型。蜂鸣器在电路中用字母 H 或 HA 表示。典型蜂鸣器的外观如图 4.6 所示。

图 4.6　典型蜂鸣器的外观

按其驱动方式的原理，蜂鸣器可分为有源蜂鸣器（内含驱动线路，也称自激式蜂鸣器）和无源蜂鸣器（外部驱动，也称他激式蜂鸣器）。

这里的"源"不是指电源，而是指振荡源。也就是说，有源蜂鸣器内部带振荡源，所以只要通电就会发声；而无源蜂鸣器内部不带振荡源，所以用直流信号无法令其鸣叫，必须用 2～5kHz 的方波去驱动它。有源蜂鸣器往往比无源蜂鸣器的价格更贵，就是因为里面有多个振荡电路。

有源蜂鸣器的优点是程序控制方便。无源蜂鸣器的优点是便宜；声音频率可控，可以按标准音符发声。

（3）LCD1602

LCD1602 是一种字符型液晶显示器，其外观如图 4.7 所示。之所以被称为 1602，是因为它每行能显示 16 个字符，能够显示 2 行。我们也能找到简称为 1604、3204 的液晶显示器。它们的原理和使用方法是类似的，我们学习基础的 LCD1602，就能触类旁通地掌握其他类型的字符型液晶显示器。

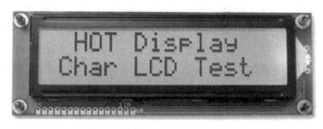

图 4.7　LCD1602

LCD1602 通常采用标准的封装形式，其外观为一个矩形模块，具有紧凑的结构和轻巧的质量。这种封装形式使 LCD1602 能够方便地集成到各种电子设备中，特别是对空间要求较为严格的设备。

1）引脚功能。LCD1602 具有多个引脚，每个引脚都承担着特定的功能。以下是几个主要引脚的功能。

① VSS 引脚：电源地引脚，用于为显示器提供稳定的参考电位。

② VCC 引脚：电源正极引脚，通常需要连接 5V 的直流电源，为显示器提供工作所需的电压。

③ V0 引脚：液晶显示器对比度调整端。通过调整该引脚上的电压，可以改变液晶显示器的对比度。当连接正电源时，对比度最弱；而接地时，对比度最高。用户可以根据实际需要，通过一个电位器来调整对比度，以获得最佳的显示效果。

④ RS 引脚：寄存器选择引脚。当该引脚为高电平时，选择数据寄存器；当该引脚为低电平时，选择指令寄存器。这使用户可以通过控制该引脚，来向显示器发送数据或指令。

⑤ RW 引脚：读写信号线引脚。当该引脚为高电平时，进行读操作；当该引脚为低电平时，进行写操作。该引脚允许用户根据需要，从显示器读取数据或向显示器写入数据。

2）工作模式。

① 读状态模式。在读状态模式下，用户可以查询 LCD1602 的当前状态，如是否处于忙碌状态、是否准备好接收新的指令或数据等。通过读状态，用户可以确保在发送新的指令或数据之前，显示器已经准备好，从而避免数据冲突或丢失。

② 写命令模式。写命令模式允许用户向 LCD1602 发送控制命令。这些命令用于设置显示器的各种参数和功能，如设置显示模式、光标位置、字符显示格式等。通过发送适当的命令，用户可以控制显示器的外观和行为，以满足特定的应用需求。

③ 写数据模式。在写数据模式下，用户可以向 LCD1602 发送要显示的数据。这些数据可以是字符、数字或自定义的图形等。一旦数据被发送到显示器，它将根据当前的显示设置和格式在屏幕上显示出来。这使用户能够动态地更新显示器的内容，实现实时信息显示或交互功能。

④ 读数据模式。在读数据模式下，用户可以从显示器读取已经写入的数据或特定区域的内容。这对于需要验证数据完整性或进行数据传输的应用来说非常有用。通过读取数据，用户可以确保数据的正确性和一致性，从而提高系统的可靠性。

在实际应用中，这些模式通常是通过特定的引脚信号来切换的。例如，通过设置RS（寄存器选择）引脚和 RW（读写控制）引脚的不同状态，用户可以选择进入不同的操作模式。

3）LCD1602 的使用步骤。使用 LCD1602 时，主要涉及以下几个步骤。

① 初始化：在开始使用前，需要对显示器进行初始化设置，包括设置显示模式、显示开关等，以确保显示器能够正常工作。

② 发送数据或指令：通过控制 RS 引脚和 RW 引脚的状态，可以向显示器发送数据或指令。数据可以是文字、数字或图像等，而指令则用于控制显示器的各种功能。

③ 显示内容：通过发送特定的数据或指令，可以在显示器上显示所需的内容。用户可以根据需要，灵活调整显示的内容、位置和格式。

此外，为了获得最佳的显示效果，用户还可以根据具体的应用场景，调整显示器的对比度、亮度等参数。

3. ADC

（1）ADC 的发展历程

ADC 是电子领域中的关键部件，用于将模拟信号转换为数字信号。随着电子技术的不断发展，ADC 的发展也经历了从简单到复杂、从低速到高速、从低精度到高精度的过程。

早期的 ADC 主要基于电阻分压网络或电容分压网络实现，转换速度和精度受到较大的限制。随着集成电路技术的成熟，ADC 开始采用更为复杂的电路结构（如逐次逼近型、并行比较型等），从而提高了转换速度和精度。

进入 21 世纪，随着物联网、大数据、人工智能等领域的快速发展，对 ADC 的性能要求也越来越高。现代 ADC 不仅要求高精度、高速度，还需要具备低噪声、低功耗、小体积等特点。因此，ADC 技术不断创新，涌现出了流水线型、Sigma-Delta 型等多种新型 ADC 结构。

（2）ADC 的主要功能

ADC 的主要功能是将模拟信号转换为数字信号，使模拟世界的连续变化得以在数字世界中离散化表示和处理。这一转换过程在电子系统中起到了桥梁的作用，使模拟信号能够被计算机或其他数字电路识别和处理。

具体来说，ADC 通过采样、量化和编码 3 个步骤实现模拟信号到数字信号的转换。采样是指将连续的模拟信号在时间上离散化，即每隔一定的时间间隔对模拟信号进行测量。量化是指将采样得到的模拟值映射到离散的数字值上，即确定每个采样点的数字表示。编码是指将量化后的数字值转换为二进制或其他形式的数字码，以便后续的数字处理。

（3）ADC 的主要参数

ADC 的性能和特性主要通过一系列参数来衡量，下面是一些主要的参数。

1）分辨率：指 ADC 能够区分的最小模拟信号变化量，通常用位（bit）来表示。分辨率越高，ADC 能够转换的模拟信号范围越精细。

2）转换速度：指 ADC 完成一次模拟到数字转换所需的时间，通常用采样率或转换时间来表示。采样率的常用单位是每秒采样次数（samples per second，SPS）。转换速度越快，ADC 能够处理的模拟信号变化越迅速。

3）量化噪声：量化过程中引入的误差，导致转换后的数字信号与原始模拟信号之间存在差异。量化噪声的大小直接影响 ADC 的转换精度。

4）信噪比（signal-to-noise ratio，SNR）：指转换后的数字信号与噪声之间的比例，是衡量 ADC 性能的重要指标之一。SNR 越高，说明 ADC 在转换过程中引入的噪声越小。

5）动态范围：指 ADC 能够处理的模拟信号的最大值与最小值之间的范围。动态范围越宽，ADC 能够适应的模拟信号变化范围越广。

这些参数共同决定了 ADC 的性能和适用范围。根据不同的应用需求，可以选择具有合适参数的 ADC。

（4）ADC 的主要类别

ADC 根据其工作原理和结构特点，可以分为多种类型。下面介绍几种常见的 ADC 类型及其工作原理和典型应用场景。

跨域模拟与数字的
鸿沟——ADC

1）逐次逼近型 ADC。逐次逼近型 ADC 采用二进制搜索算法来逼近输入的模拟信号。它首先设定一个与输入信号范围相当的参考电压，然后通过比较器判断输入信号与参考电压的大小关系，根据比较结果调整参考电压的值，逐步逼近输入信号的真实值。最终，通过一系列的比较和逼近过程，得到输入信号的数字表示。

逐次逼近型 ADC 广泛应用于各种测量仪表和控制系统中，如温度测量仪、压力传感器等。这些系统需要精确测量模拟信号的值，并将其转换为数字信号进行后续处理。

2）并行比较型 ADC（Flash ADC）。并行比较型 ADC 采用多个比较器同时比较输入信号与多个参考电压的大小关系，从而直接得到输入信号的数字表示。这种 ADC 转换速度非常快，但需要的比较器数量较多，因此功耗和成本也相对较高。

高速通信系统中的信号接收和处理模块常采用并行比较型 ADC。由于通信信号的高速性和实时性要求，需要 ADC 具备极快的转换速度，以确保信号的准确接收和处理。

3）积分型 ADC（双积分 ADC）。积分型 ADC 利用积分器的特性对输入信号进行积分，并通过计数器对积分结果进行量化。它首先对输入信号进行第一次积分，得到一个与输入信号平均值成比例的电压值；然后对这个电压值进行第二次积分，并通过计数器记录积分时间；最后根据计数器的值得到输入信号的数字表示。

积分型 ADC 常用于需要高精度测量的场合，如电子秤、高精度电压表等。这些应用对测量精度要求较高，而积分型 ADC 通过积分和计数的方式可以实现较高的测量精度。

4）流水线型 ADC。流水线型 ADC 采用多级流水线的结构，每级都包含采样保持电路、比较器和数-模转换器等模块。输入信号首先经过第一级进行粗量化，然后将量化误差传递给下一级进行修正。通过多级流水线的处理，最终得到高精度的数字输出。

高速数据采集系统和图像处理系统中常采用流水线型 ADC。这些系统需要同时处理大量的数据，并且要求较高的转换速度和精度。流水线型 ADC 通过多级流水线的并行处理，可以实现高速高精度的数据转换。

5）Sigma-Delta ADC。Sigma-Delta ADC 采用过采样和噪声整形技术来实现高精度转换。它首先对输入信号进行高频采样，然后通过 Sigma-Delta 调制器将模拟信号转换为高频的脉冲信号；最后通过数字滤波器对脉冲信号进行滤波和降频处理，得到最终的数字输出。

高精度测量仪器和传感器网络中常采用 Sigma-Delta ADC，这些应用需要长时间稳定地测量微小的模拟信号变化，并要求较高的测量精度和分辨率。Sigma-Delta ADC 通过过采样和噪声整形技术，可以有效地降低量化噪声和提高测量精度。

（5）典型的 ADC 芯片

1）ADS1115。

原理分类：逐次逼近型。

分辨率：16 位。

采样率：最高可达 860SPS。

转换速度：适中。

电压范围：-6.144～6.144V（可通过内部参考电压进行配置）。

功耗：低功耗。

价格：较高。

应用场景：电池检测、电源管理系统等需要精确测量电源电压的应用场景。

2）MAX11040。

原理分类：Sigma-Delta 型。

分辨率：14 位。

采样率：可编程配置。

转换速度：适中。

电压范围：0V～REF+（参考电压可配置）。

功耗：低功耗。

价格：较高。

应用场景：需要高精度和低噪声的电源电压采集，如工业控制和医疗设备。

3）MCP3424。

原理分类：逐次逼近型。

分辨率：12 位。

采样率：最高可达 375kSPS。

转换速度：快速。

电压范围：0~V_{ref}（参考电压）。

功耗：低功耗。

价格：较低。

应用场景：需要快速采样和简单接口的电源电压采集，如嵌入式系统和微控制器应用。

4）LTC2400。

原理分类：并行比较型。

分辨率：12 位。

采样率：最高可达 65MSPS。

转换速度：极快速。

电压范围：根据具体配置可设置。

功耗：中等。

价格：适中。

应用场景：需要高速采样和并行数据接口的电源电压采集，如高速数据通信和信号处理系统。

　　进行 ADC 芯片选型时，首先需要明确应用场景，包括信号类型、信号范围、采样率及分辨率等核心需求。随后，对比不同 ADC 芯片的技术参数，如转换速度、噪声性能、功耗等，确保所选芯片能够满足系统的实时性和精度要求。同时，还需要考虑芯片的接口类型、集成度及封装尺寸，确保与现有系统兼容并节省空间。此外，供应商的可靠性、技术支持及芯片的成本效益也是选型过程中不可忽视的因素。通过综合评估以上各方面，选择适合的 ADC 芯片，以确保系统运行的稳定性和数据的准确性。

　　4. STM32F103 单片机的片上 ADC

（1）主要特性

带你学单片机的
片上 ADC

STM32F103 片上自带了 3 个 12 位逐次逼近型 ADC，即 ADC1、ADC2 和 ADC3，这些 ADC 可以独立使用，也可以双重/三重模式使用以提高采样率。每个 ADC 都有 16 个外部通道和 2 个内部通道，内部通道连接到温度传感器和内部参考电压。其主要特性包括以下几个。

1）高分辨率：ADC 具有 12 位的分辨率，意味着它可以将模拟信号划分为 4096 个不同的等级，从而提供精确的数字输出。

2）高速转换：ADC 的转换速度较快，可以迅速将模拟信号转换为数字信号，满足实时处理的需求。

3）多通道输入：ADC 支持多个输入通道，用户可以根据需要选择不同的通道进行数据采集，适用于多传感器应用场景。

4）低功耗：STM32F103 单片机的 ADC 设计考虑了功耗因素，采用低功耗技术，使其在保持高性能的同时，降低了功耗。

5）可编程性：ADC 的工作模式、分辨率、采样率等参数都可以通过编程进行灵活配置，以适应不同的应用需求。

（2）通道组

STM32F103 单片机的 ADC 通道被分为规则通道组和注入通道组。

1）规则通道组：主要用于正常的 ADC 转换操作。用户可以配置多个规则通道，并指定它们的转换顺序。一旦启动转换，ADC 将按照设定的顺序依次对各通道进行采样和转换。

2）注入通道组：用于特殊情况下的 ADC 转换。它通常用于中断服务程序或其他紧急情况下的数据采集。注入通道组的转换优先级高于规则通道组，可以打断正在进行的规则通道组的转换，保证注入通道组先完成转换。

（3）工作模式

STM32F103 单片机的 ADC 支持 4 种工作模式，以满足不同应用场景的需求。

1）单次转换模式：在单次转换模式下，ADC 仅进行一次模拟到数字的转换，并在转换完成后产生中断或标志位，通知 CPU 读取转换结果。单次转换模式适用于只需要单次测量的应用场景。

2）连续转换模式：在连续转换模式下，ADC 会持续不断地进行模拟到数字的转换。连续转换模式适用于需要实时监测模拟信号变化的应用场景。

3）扫描模式：扫描模式允许 ADC 按顺序扫描多个输入通道，并依次进行转换，这使单片机能够同时处理来自多个通道的模拟信号。扫描模式适用于多传感器数据采集的应用场景。

4）间断模式：间断模式允许 ADC 在特定的时间间隔内进行转换，适用于周期性采样的应用场景。用户可以通过配置相关寄存器来设置间断的时间间隔。

（4）触发方式

STM32F103 单片机的 ADC 支持多种触发方式，以启动 ADC 的转换。

1）软件触发：通过编写程序，软件可以主动触发 ADC 的转换。这种方式简单直接，适用于需要由程序控制转换时间点的应用场景。

2）外部触发：ADC 还可以通过外部信号触发转换。例如，可以连接一个外部中断源，当该中断源产生中断时，触发 ADC 进行转换。这种方式适用于需要与外部事件同步进行数据采集的应用场景。

3）定时器触发：STM32F103 单片机内置了多个定时器，这些定时器可以配置为 ADC 的触发源。定时器可以按照设定的时间间隔产生触发信号，启动 ADC 的转换。这种方式适用于需要周期性采样的应用场景。

（5）ADC 的一般使用步骤

使用 STM32F103 单片机的片上 ADC 进行模拟信号采集时，一般需要进行以下步骤。

1）初始化 ADC：首先，需要配置 ADC 的相关寄存器，以初始化 ADC。这包括设置 ADC 的分辨率、工作模式、采样率等参数，以及选择需要使用的通道。具体的初始化步骤包括开启 ADC 的时钟、设置 ADC 的输入模式（单端或差分）、配置 ADC 的转换序列等。

2）启动 ADC 转换：完成初始化后，可以通过软件触发或外部触发等方式来启动 ADC 的转换。在启动转换之前，还需要确保 ADC 的输入端已经连接了需要采样的模拟信号。

3）等待转换完成：启动转换后，ADC 将开始对模拟信号进行采样和转换。根据所选的工作模式，可能需要等待单次转换完成或连续转换一段时间。在等待过程中，可以通过查询 ADC 的状态寄存器或等待中断来判断转换是否完成。

4）读取转换结果：当 ADC 转换完成后，可以通过读取 ADC 的数据寄存器来获取转换得到的数字结果。根据 ADC 的分辨率和配置，转换结果将是一个表示模拟信号大小的数字值。

5）处理转换结果：获取转换结果后，可以根据需要进行进一步的处理。例如，可以对转换结果进行计算或存储等操作，以满足具体的应用需求。

在实际编程应用中，可以参照上述步骤，调用相应的库函数进行程序编写。

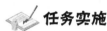 **任务实施**

根据任务描述，分析智慧景观电源电压采集系统，并分析对比各种 ADC 芯片和单片机自带 ADC 的优缺点，然后编制表 4.1，完成任务实施。

表 4.1　电源电压采集系统的 ADC 选型

团队成员：						调查时间：	
序号	型号	原理分类	分辨率	采样率	电压范围	价格	应用在本任务中的优缺点
1	ADS1115	逐次逼近型	16 位	860SPS	−6.144～6.144V	约 8 元/片	优点：精度较高，速度快；缺点：硬件成本提升，软件开发需要额外增加 I2C 通信模块
2							
3							
4							

任务 4.2　系统开发与仿真

任务描述

假如你是一名单片机工程师，现要基于 STM32F103R6 进行锂电池电压采集系统的软硬件开发。请设计硬件电路图，绘制该系统的程序流程图，完成 C 语言代码编写与编译，并进行软硬件联合仿真。提交 C 语言代码文件、HEX 数据文件和 Proteus 电路图，填写实训报告。该系统具备实时数据采集和显示功能，并在欠电压时提供蜂鸣器发声报警。

结合智慧景观电源电压采集系统的功能要求及本项目 ADC 知识技能讲解的便利性，设计了如图 4.8 所示的参考电路图。

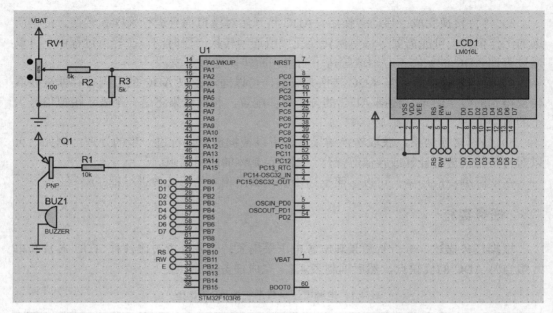

图 4.8　智慧景观电源电压采集系统参考电路图

任务资讯

1. 电压检测与欠电压提醒

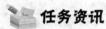

跟我一起用单片机
实现电压检测

（1）整体框图与功能

通过任务 4.1 的调研，大家可以发现，相对于独立的 ADC 芯片，虽然 STM32F103R6 自带的 ADC 性能指标稍弱，但是完全满足本任务及类似场景的开发需求，并且不需要额外添加硬件，使用纯代码就能实现功能，可以降低硬件成本、缩短开发周期、减小系统体积和功耗。所以，本任务中采用 STM32F103R6 的片内 ADC。

电压检测与欠电压提醒的整体框图如图 4.9 所示，其功能为使用片内 ADC，采用软件触发方式、连续非扫描模式，转换锂电池电压（测量范围 3.0～4.2V），当电压不在正常使用范围内（小于 3.5V）时，使用蜂鸣器发声报警。

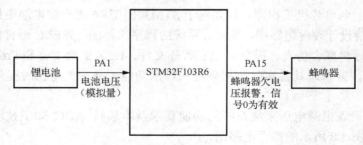

图 4.9　电压检测与欠电压提醒的整体框图

（2）硬件电路设计

1）电源电压采集模块。使用电源和滑动变阻器组建模拟的锂电池输出电压。根据锂电池电压的变化范围，该仿真电源的可调范围需要达到 3.0～4.2V，而默认电源为 3.3V，不能满足要求。因此，我们需要在电源配置中，新增一个 5V 的电源 VPP。

① 在电路中放入一个普通的电源接口 POWER 并双击，在打开的"编辑终端标签"对话框中设置名称为 VBAT，如图 4.10 所示。

图 4.10　新设电源 VBAT

② 选择菜单栏中的"设计"→"配置供电网"选项，在打开的"电源线配置"对话框中单击"新建"按钮，在打开的"Create New Power Supply"对话框中创建对应的 VBAT 电源接口，如图 4.11 所示，然后单击"OK"按钮。

图 4.11　在电源网络中新建电源接口 VBAT

③ 设置电压值为 5V，将下方左侧"未连接电网"列表框中的未连接的电源节点 VBAT 使用"增加到(A)->"按钮添加到右侧的"网络连接到 VBAT"列表框中，如图 4.12 所示。

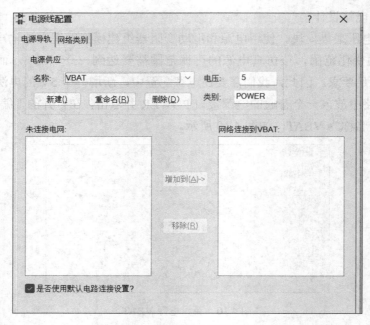

图 4.12　配置新设电源 VBAT

在"Pick Devices（选择元器件）"对话框中选择滑动变阻器 POT-HG，并设置最大
电阻值 1kΩ，如图 4.13 所示。

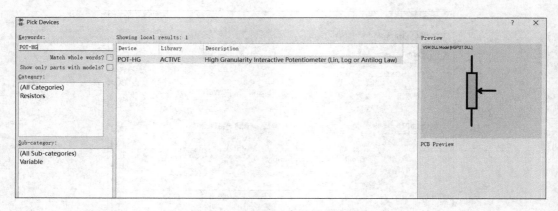

图 4.13　选择滑动变阻器仿真元件

设置完成的电压采集模块，如图 4.14 所示。使用鼠标拖动滑动变阻器的触点，可以
粗调触点位置。单击滑动变阻器侧边的"↑""↓"控制点，可以精调触点位置。触点
接触位置使用百分比的形式展现。调节触点位置，可以对应改变触点的电压，以模拟可
变的锂电池直流电压。

值得注意的是，STM32F103R6 自带的 ADC 模块的电压转换范围受 V_{ref} 的限制，一般为 0～3.3V。本任务的电压采集范围是 3.0～4.2V。因此，可以采用串联电阻分压的形式，将 VBAT 二分压后，再引入单片机 PA1 引脚，如图 4.14 所示。最终采集得到的电池电压，要将转换获得的直接结果乘以 2。

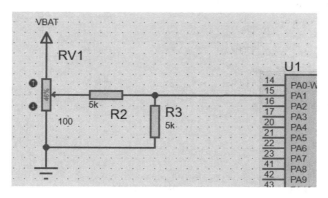

图 4.14　电压采集模块

2）蜂鸣器发声模块。在"Pick Devices"对话框的"Keywords"文本框中输入"buzzer"。BUZZER 是直流电驱动的有源蜂鸣器，注意，在备选器件中选择 BUZZER，就可以从自己的计算机上听到实际的声音输出，如图 4.15 所示。

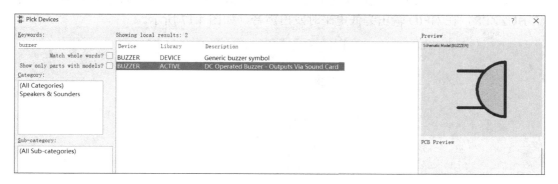

图 4.15　选择蜂鸣器

双击蜂鸣器元器件，在打开的对话框中设置其工作电压为 3.3V，否则将因为工作电压不足而无法正常发声。下方的频率 500Hz，是发声的默认频率，可以根据需要自行修改，如图 4.16 所示。

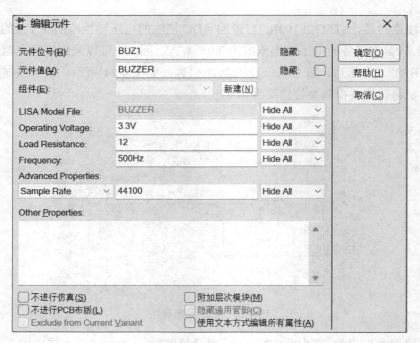

图 4.16　配置蜂鸣器参数

3）组建发声放大电路。由于单片机 GPIO 接口的输出功率有限，采用一个 PNP 晶体管构建放大电路。GPIO 接口由定时器控制输出脉冲的波形，由 PNP 晶体管放大后交给 BUZZER，在 GPIO 输出为低电平时发出声音，如图 4.17 所示。

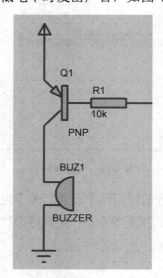

图 4.17　蜂鸣器发声电路

由上述内容可获得电压采集整体电路图，如图 4.18 所示。

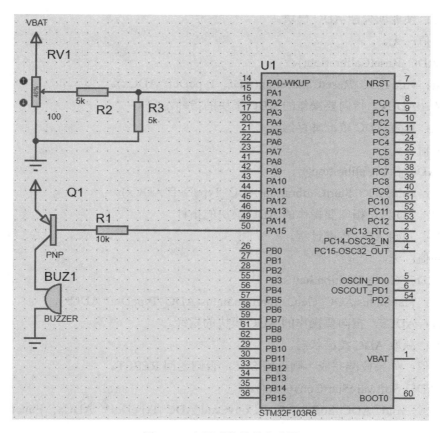

图 4.18　电压采集整体电路图

（3）软件设计

1）STM32F103R6 ADC 常用库函数。

① ADC_Init()。

原型：void ADC_Init(ADC_TypeDef* ADCx, ADC_InitTypeDef* ADC_InitStruct)。

参数：ADCx，指向要初始化的 ADC 模块的指针，如 ADC1；ADC_InitStruct，一个指向 ADC_InitTypeDef 结构体的指针，该结构体包含了 ADC 的配置信息，如分辨率、扫描模式、触发方式等。

功能：根据 ADC_InitStruct 中的配置信息初始化 ADC 模块。

返回值：无。

② ADC_Cmd()。

原型：void ADC_Cmd(ADC_TypeDef* ADCx, FunctionalState NewState)。

参数：ADCx，指向要操作的 ADC 模块的指针；NewState，枚举值，指定 ADC 模块的状态（ENABLE 或 DISABLE）。

功能：使能或失能 ADC 模块。

返回值：无。

③ ADC_ResetCalibration()。

原型：void ADC_ResetCalibration(ADC_TypeDef* ADCx)。

参数：ADCx，指向要操作的 ADC 模块的指针。

功能：重置 ADC 校准寄存器。

返回值：无。

④ ADC_StartCalibration()。

原型：void ADC_StartCalibration(ADC_TypeDef* ADCx)。

参数：ADCx，指向要操作的 ADC 模块的指针。

功能：开始 ADC 校准过程。

返回值：无。

⑤ ADC_GetCalibrationStatus()。

原型：FlagStatus ADC_GetCalibrationStatus(ADC_TypeDef* ADCx)。

参数：ADCx，指向要操作的 ADC 模块的指针。

功能：获取 ADC 校准状态。

返回值：如果校准完成，则返回 SET；否则返回 RESET。

⑥ ADC_SoftwareStartConvCmd()。

原型：void ADC_SoftwareStartConvCmd(ADC_TypeDef* ADCx, FunctionalState NewState)。

参数：ADCx，指向要操作的 ADC 模块的指针；NewState，枚举值，指定是否开始软件触发的转换（ENABLE 或 DISABLE）。

功能：启动或停止软件触发的 ADC 转换。

返回值：无。

⑦ ADC_GetConversionValue()。

原型：uint16_t ADC_GetConversionValue(ADC_TypeDef* ADCx)。

参数：ADCx，指向已完成转换的 ADC 模块的指针。

功能：获取 ADC 转换的结果。

返回值：转换得到的 12 位值。

2）设计程序流程图。

程序流程主要包括系统初始化、ADC 转换、欠电压报警等，如图 4.19 所示。

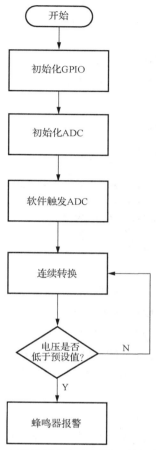

图 4.19　电压检测与欠电压提醒的程序流程图

3）设计 GPIO 初始化程序。GPIO 初始化包含对 ADC 引脚的初始化和蜂鸣器引脚的初始化。

对 ADC 引脚进行初始化的函数在 adc.c 源文件中，函数名为 ADC1_GPIO_Config。注意，本函数打开的总线时钟不仅有复用的 GPIO 引脚，还要包括挂载在 APB2 总线上的 ADC 模块本身。选中 PA1 引脚，由于是引入的模拟信号，交由片内 ADC 处理，因此这里要设置端口工作模式为模拟输入。

```
void ADC1_GPIO_Config(void)
{
    GPIO_InitTypeDef GPIO_InitStructure;        //声明 GPIO 接口配置结构体
    RCC_APB2PeriphClockCmd(RCC_APB2Periph_GPIOA|RCC_APB2Periph_ADC1,
ENABLE);
    //使能 ADC1 和 GPIOA 的时钟
    GPIO_InitStructure.GPIO_Pin = GPIO_Pin_1;      //设置引脚 1
    GPIO_InitStructure.GPIO_Speed = GPIO_Speed_50MHz;/*设置引脚的工作
速度*/
```

```
        GPIO_InitStructure.GPIO_Mode = GPIO_Mode_AIN;//设置引脚为模拟输入
        GPIO_Init(GPIOA, &GPIO_InitStructure);          //初始化端口
    }
```

对蜂鸣器引脚进行初始化的函数在 adc.c 源文件中，函数名为 Buzzer_Init。引脚连接为 PA15，工作模式为推挽输出模式。再使用 GPIO_SetBits()函数，使蜂鸣器引脚默认为 1，处于无声状态。

```
    void Buzzer_Init(void)
    {
        GPIO_InitTypeDef  GPIO_InitStruct;
        RCC_APB2PeriphClockCmd(RCC_APB2Periph_GPIOC, ENABLE);
        GPIO_InitStruct.GPIO_Mode=GPIO_Mode_Out_PP;
        GPIO_InitStruct.GPIO_Pin=GPIO_Pin_15;
        GPIO_InitStruct.GPIO_Speed=GPIO_Speed_50MHz;
        GPIO_Init(GPIOB,&GPIO_InitStruct);
        GPIO_SetBits(GPIOA,GPIO_Pin_15);//置 1，蜂鸣器默认关闭
    }
```

4）设计 ADC 初始化程序。ADC 的配置函数在 adc.c 源文件中，函数名为 ADC_Config。其中常见的参数设置包括以下几个。

① ADC_InitStructure.ADC_Mode：ADC 整体工作模式配置，在各 ADC 单独使用而不需要进入双重模式时，设置为 ADC_Mode_Independent。

② ADC_InitStructure.ADC_ScanConvMode：扫描模式配置，设置 DISABLE 对应单通道，ENABLE 对应多通道。

③ ADC_InitStructure.ADC_ContinuousConvMode：连续工作模式配置，设置 DISABLE 对应单次触发引起一次转换，ENABLE 对应单次触发引起连续转换。

④ ADC_InitStructure.ADC_ExternalTrigConv：外部触发配置，如果进行软件触发，则选择 ADC_ExternalTrigConv_None。

⑤ ADC_InitStructure.ADC_DataAlign：对齐配置，ADC 的数据寄存器为 16 位，而转换结果只有 12 位，无法填满数据寄存器。因此可以设置为数据左对齐或右对齐。

⑥ ADC_InitStructure.ADC_NbrOfChannel：规则转换通道数目设置，ADC 的规则通道组最多可以容纳 16 路。在本任务中，仅有一路模拟信号输入，对应设置通道数目为 1。

⑦ ADC_RegularChannelConfig()：规则通道组配置函数，通过形式参数依次配置 ADC 编号、通道编号、规则组内次序、采样时间。STM32F103R6 的 ADC 单次转换总耗时等于采样时间加固定的 12.5 个周期。采样时间的设置是枚举式的，可以查阅标准库函数文件中的 STM32f10x_adc.h 文件。通过设置采样时间，可以决定 ADC 转换的快慢。

⑧ ADC_Cmd()：ADC 模块的使能函数，ADC_SoftwareStartConvCmd()函数是 ADC 转换的软件触发函数，这两者要注意区分，且均不能遗漏。

```
void ADC_Config(void)
{
    ADC_InitTypeDef ADC_InitStructure;/*ADC 结构体变量, 注意在一个语句块内
变量的声明要放在可执行语句的前面, 否则出错, 因此要放在 "ADC1_GPIO_Config();" 前面*/
    ADC_InitStructure.ADC_Mode = ADC_Mode_Independent;/*ADC1 和 ADC2 工
作在独立模式*/
    ADC_InitStructure.ADC_ScanConvMode = DISABLE;  //使能扫描模式
    ADC_InitStructure.ADC_ContinuousConvMode = ENABLE;/*ADC 工作在连续转
换模式*/
    ADC_InitStructure.ADC_ExternalTrigConv = ADC_ExternalTrigConv_None;
    //由软件控制转换, 不使用外部触发
    ADC_InitStructure.ADC_DataAlign = ADC_DataAlign_Right;/*转换数据右
对齐*/
    ADC_InitStructure.ADC_NbrOfChannel = 1;      //转换通道为 1
    ADC_Init(ADC1, &ADC_InitStructure);          //初始化 ADC

    ADC_RegularChannelConfig(ADC1, ADC_Channel_1, 1,
ADC_SampleTime_55Cycles5);
    //ADC1 选择信道 14, 音序等级为 1, 采样时间为 55.5 个周期

    ADC_Cmd(ADC1, ENABLE);                       //使能 ADC1
    ADC_ITConfig(ADC1, ADC_IT_EOC, ENABLE);
    ADC_SoftwareStartConvCmd(ADC1, ENABLE);
    ADC_SoftwareStartConvCmd(ADC1, ENABLE);      //使能 ADC1 软件开始转换
}
```

5）设计主函数。在主函数中, 进行系统的初始化, 并调用各用户子函数和相关库函数完成项目功能。定义了浮点型变量 vbat、temp。其中, vbat 用于存储对应的电压值, temp 用于存储转换出的数字量。

主函数关键性的计算语句为 "vbat=(float) 2*temp *(3.3/4096)"。其中,"(float)"表示将计算结果的数据类型强制转换为浮点型；系数 2 对应采集前进行的二分压, 需要恢复原值；3.3 为参考电压, 本任务中等于电源电压 3.3V；4096 等于 2^{12}, 对应 12 位的转换。

当获得的电压值低于 3.5V 时, 本程序将使蜂鸣器报警。

```
int main(void)
{
    float vbat,temp;
    ADC1_GPIO_Config();
    Buzzer_Init();
    ADC_Config();
    while(1)
    {
        temp=ADC_GetConversionValue(ADC1);
```

```
        vbat=(float)2*temp*(3.3/4096);
        if(vbat<3.5)
            GPIO_ResetBits(GPIOA,GPIO_Pin_15);
    }
}
```

（4）仿真调试

调节滑动变阻器的"↑""↓"控制点，可以改变触点的电位。当触点位置高于 70% 时，模拟的电池电压高于 3.5V，此时处于正常电压段，单片机通过检查转换出的数字量，控制蜂鸣器不发声。也可以加入一个电压探头并放置在 BUZ1 的正端，观察实时电压值。此时，蜂鸣器正端是接近 0 的电压，不会发声，如图 4.20 所示。

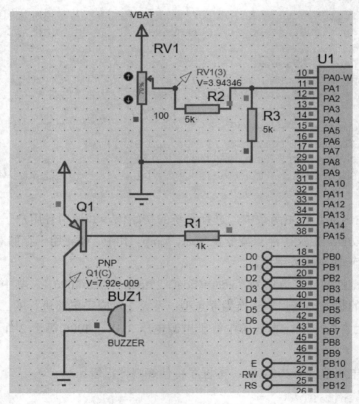

图 4.20　仿真结果——正常工作时

继续调节触点位置，直至低于 70%。此时，模拟的电池电压低于 3.5V，单片机通过 PA15 引脚输出低电平，控制 PNP 管导通，使 BUZ1 正端获得高电平，蜂鸣器发声提醒欠电压状态，如图 4.21 所示。

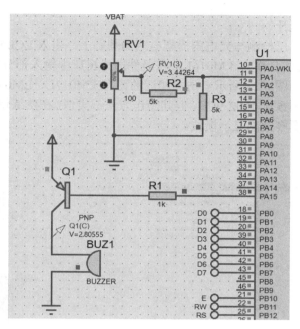

图 4.21   仿真结果——报警状态

2. 电池电压检测与液晶显示器显示

（1）整体框图与功能

在上述内容的基础上，增加 LCD1602 作为直观的人机交互接口，用于电压转换值的实时展示。增加 PB10～PB12 作为液晶显示器的控制线，PB0～PB7 为液晶显示器的并行数据线。本设计的整体框图如图 4.22 所示。

如何用单片机实现锂电池电压采集与提醒

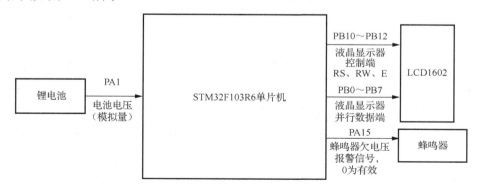

图 4.22   电池电压检测与液晶显示器的整体框图

该设计的功能为，使用片内 ADC 转换锂电池电压，当电压在正常范围（大于 3.5V）内时，使用 LCD1602 的第一行，显示具体电压值。当电压在不正常范围（小于 3.5V）内时，使用 LCD1602 的第二行，显示提示信息"Voltage Low"，并使用蜂鸣器发声报警。

（2）硬件电路设计

首先，我们在电压检测与欠电压提醒电路的基础上，引入 LCD1602。在本软件中，LCD1602 的仿真模型名称为 LM016L，在器件选择窗口中输入部分字段，如"1m0"，可以选择该器件，如图 4.23 所示。与之相近的还有 LM017L、LM018L、LM041L 等，它们显示的行数和列数比 1602 更多，但其操作方法都类似。在熟练使用 LCD1602 之后，大家可以自行尝试更多液晶显示模块。

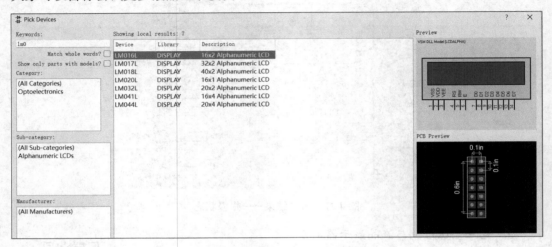

图 4.23　选择液晶显示器

LCD1602 有 16 个引脚，在仿真中两个电源引脚默认连接了，其他引脚的功能如表 4.2 所示。

表 4.2　LCD1602 引脚的功能

编号	引脚名	引脚说明	编号	引脚名	引脚说明
1	VSS	电源地	9	D2	数据口
2	VDD	电源正极	10	D3	数据口
3	VEE	液晶显示对比度调节端	11	D4	数据口
4	RS	数据命令选择端（H/L）	12	D5	数据口
5	RW	读写选择端（H/L）	13	D6	数据口
6	E	使能信号	14	D7	数据口
7	D0	数据口	15	BLA	背光电源正极
8	D1	数据口	16	BLK	背光电源负极

为了减少大量连线导致的电路图可阅读性降低，并提高设计的模块化程度，可以使用 Proteus 的电路接口功能进行远程连接。在侧边栏的端口模式中，选择 DEFAULT 默认端口，如图 4.24 所示。只要有着相同命名的 DEFAULT 端口，都将被视为是短接的状态。

图 4.24   选择电路接口

在重复性的连线过程中，可以尝试双击鼠标，软件会重复刚才的连线操作。

根据表 4.2 可知，D0～D7 对应 8 位并行数据口，RS、RW、E 为控制端，VSS、VDD、VEE 为电源引脚，接上相应的电源及远程连接端口，即可得到 LCD1602 电路，如图 4.25 所示。

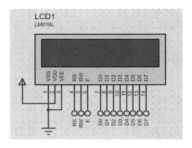

图 4.25   LCD1602 电路

将数据端 D0～D7 连接到 PB0～PB7，RS、RW、E 控制端连接到 PB10～PB12，即可得到整体的硬件电路，如图 4.26 所示。

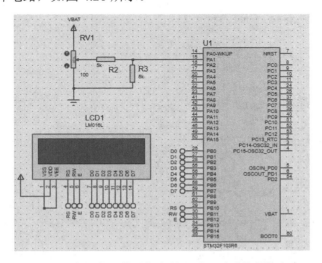

图 4.26   电池电压检测与液晶显示器显示的硬件电路

（3）软件设计

1）LCD1602 的第三方库函数。LCD1602 有 4 种基本操作方式：读状态、读数据（不常用）、写命令、写数据。下列第三方库函数提供了这些操作的底层代码，并在此基础上构建了设置光标位置、显示数字、显示字符、显示字符串的函数，可供用户调用。

```
void LCD1602_WaitReady(void)  //读状态函数（检测 LCD1602 的忙标志）
{
    uint8_t sta;
    GPIOB->ODR =0x00FF;
    RSO(0);
    RWO(1);
    EO(1);
    SysTick_Delay_Us(1);
    do{
        sta=GPIO_ReadInputDataBit(LCD1602_GPIO_PORT,GPIO_Pin_7);
        EO(0);
    }while(sta);
}


void LCD1602_WriteCmd(uint8_t cmd)  //写指令
{
    LCD1602_WaitReady();
    RSO(0);
    RWO(0);
    EO(0);
    SysTick_Delay_Us(1);
    EO(1);
    LCD1602_GPIO_PORT->ODR &=(cmd|0xFF00);
    EO(0);
    SysTick_Delay_Us(400);
}


void LCD1602_WriteDat(uint8_t dat)  //写数据
{
    LCD1602_WaitReady();
    RSO(1);
    RWO(0);
    SysTick_Delay_Us(30);
    EO(1);
    LCD1602_GPIO_PORT->ODR &=(dat|0xFF00);
    EO(0);
    SysTick_Delay_Us(400);
}
```

```
void LCD1602_SetCursor(uint8_t x, uint8_t y)
{
    uint8_t addr;

    if(y == 0)                  //由输入的屏幕坐标计算显示 RAM 的地址
        addr = 0x00 + x;    //第一行字符地址从 0x00 开始
    else
        addr = 0x40 + x;    //第二行字符地址从 0x40 开始
    LCD1602_WriteCmd(addr|0x80);  //设置 RAM 的地址
}

void LCD1602_ShowStr(uint8_t x, uint8_t y, uint8_t *str, uint8_t len)
{
    LCD1602_SetCursor(x, y);  //设置起始地址
    while(len--)                //连续写入 len 个字符数据
    {
        LCD1602_WriteDat(*str++);
    }
}

void LCD_ShowNum(uint8_t x, uint8_t y,uint8_t num)
{
    LCD1602_SetCursor(x, y);  //设置起始地址
    LCD_ShowChar(x,y,num+'0');
}

void LCD_ShowChar(uint8_t x, uint8_t y,uint8_t dat)
{
    LCD1602_SetCursor(x, y);  //设置起始地址
     LCD1602_WriteDat(dat);
}
```

2）设计程序流程图。在电压检测与欠电压提醒的程序流程基础上，额外增加下列处理流程。

① LCD1602 的初始化。

② 加入平均值滤波，将 20 个数据求平均后给出一次的显示值。

③ 显示值随时更新显示在 LCD1602 的第一行。

④ 当显示值低于 3.5V 时，不仅进行蜂鸣器发声报警，还要在 LCD1602 的第二行给出提示信息。

电池电压检测与液晶显示器显示的程序流程图如图 4.27 所示。

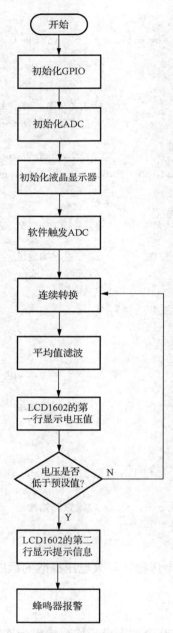

图 4.27　电池电压检测与液晶显示器显示的程序流程图

　　3）初始化设计。在电压检测与欠电压提醒中对 GPIO 和 ADC 进行初始化的基础上，再通过函数 LCD1602_GPIO_Config()对 LCD1602 所连接的引脚进行初始化。其中，LCD1602_E 对应 PB10，LCD1602_RS 对应 PB11，LCD1602_RW 对应 PB12，可以对应地在宏定义中进行修改。将这 3 个控制引脚设置为推挽输出模式。并行数据引脚 D0～

D7 对应 PB0～PB7，设置为开漏输出模式。

使用函数 LCD1602_Init(void)对 LCD1602 的初始显示方式进行配置。将其设置为 16×2 显示，5×7 点阵，8 位数据接口，初始光标为左上角，文字不移动，默认清屏。

```
void LCD1602_GPIO_Config(void)
{
    RCC_APB2PeriphClockCmd(LCD1602_CLK, ENABLE);
    GPIO_InitTypeDef LCD1602_GPIOStruct;
    LCD1602_GPIOStruct.GPIO_Mode = GPIO_Mode_Out_PP;
    LCD1602_GPIOStruct.GPIO_Speed = GPIO_Speed_10MHz;
    LCD1602_GPIOStruct.GPIO_Pin = LCD1602_E | LCD1602_RS | LCD1602_RW ;
    GPIO_Init(LCD1602_GPIO_PORT,&LCD1602_GPIOStruct);
    LCD1602_GPIOStruct.GPIO_Mode = GPIO_Mode_Out_OD;
    LCD1602_GPIOStruct.GPIO_Pin = DB0|DB1|DB2|DB3|DB4|DB5|DB6|DB7;
    //设置为开漏输出模式
    GPIO_Init(LCD1602_GPIO_PORT,&LCD1602_GPIOStruct);
}


void LCD1602_Init(void)
{
    LCD1602_GPIO_Config();      //开启 GPIO 接口
    LCD1602_WriteCmd(0X38);     //16×2 显示，5×7 点阵，8 位数据接口
    LCD1602_WriteCmd(0x0C);     //显示器开启，光标不显示
    LCD1602_WriteCmd(0x06);     //文字不移动，地址自动+1
    LCD1602_WriteCmd(0x01);     //清屏

}
```

4）ADC 的配置。ADC 的配置参照电压检测与欠电压提醒中的相关内容，在程序段的末尾引入了多个 Calibration 相关的函数，这是加入了 ADC 自动校准的功能，以提高系统的精度和稳定性。

```
void ADC_Config(void)
{
    ADC_InitTypeDef ADC_InitStructure;/*ADC 结构体变量，注意在一个语句块内
变量的声明要放在可执行语句的前面，否则出错，因此要放在"ADC1_GPIO_Config();"前面*/
    ADC_InitStructure.ADC_Mode = ADC_Mode_Independent;/*ADC1 和 ADC2 工
作在独立模式*/
    ADC_InitStructure.ADC_ScanConvMode = DISABLE; //使能扫描模式
    ADC_InitStructure.ADC_ContinuousConvMode = ENABLE;/*ADC 转换工作在连
续模式*/
    ADC_InitStructure.ADC_ExternalTrigConv = ADC_ExternalTrigConv_None;
    //由软件控制转换，不使用外部触发
    ADC_InitStructure.ADC_DataAlign = ADC_DataAlign_Right;/*转换数据右
对齐*/
    ADC_InitStructure.ADC_NbrOfChannel = 1;     //转换通道为 1
    ADC_Init(ADC1, &ADC_InitStructure);         //初始化 ADC
```

```
        ADC_RegularChannelConfig(ADC1, ADC_Channel_1, 1, ADC_SampleTime_
55Cycles5);   //ADC1 选择信道 14，音序等级为 1，采样时间为 55.5 个周期
        ADC_Cmd(ADC1, ENABLE);//使能 ADC1
        ADC_ITConfig(ADC1, ADC_IT_EOC, ENABLE);
        ADC_SoftwareStartConvCmd(ADC1, ENABLE);

        ADC_ResetCalibration(ADC1);        //重置（复位），ADC1 校准寄存器
        while(ADC_GetResetCalibrationStatus(ADC1));//等待 ADC1 校准重置完成
        ADC_StartCalibration(ADC1);                //开始 ADC1 校准
        while(ADC_GetCalibrationStatus(ADC1));        //等待 ADC1 校准完成
        ADC_SoftwareStartConvCmd(ADC1, ENABLE);    //使能 ADC1 软件开始转换
}
```

5）平均值滤波的设计。函数 average_filter()负责进行平均值滤波，将 20 个（可通过宏定义进行修改）一组的转换结果存放到 data[DATA_SIZE]数组中，并将 20 个数的平均值作为函数的返回值。

```
#define DATA_SIZE 20  //定义数据的个数

/*计算平均值滤波后的结果*/
float average_filter(double data[], int size)
{
    float temp,sum = 0.0;
    float data[DATA_SIZE];
    for(int i=0; i<size; i++)
    {
        temp=ADC_GetConversionValue(ADC1);
        data[i]=temp;
        sum+=data[i];
    }
    return sum/size;
}
```

6）主函数设计。在主函数的初始化部分增加 LCD1602_Init()。

在液晶显示器的显示部分，对电压值 temp 求整数得到 a，求小数得到 d，调用字符串显示函数 LCD_ShowNum()进行显示。默认在第一行的第三格开始显示。

如果电压低于报警值，则在第二行额外显示警告信息"Voltage Low"，并通过蜂鸣器发声报警。

```
int main(void)
{
    int a,b,c,d;
    float temp;

    delay_init();        //初始化延时函数
    LCD1602_Init();
```

```
ADC1_GPIO_Config();
ADC_Config();
LCD1602_ShowStr(2,0,"adcvalue=0.0V",13);

while(1)
{
    b=ADC_GetConversionValue(ADC1);
    temp=(float)2*b*(3.3/4096);
    a=temp/1;
    c=temp*10;
    d=c%10;
    LCD_ShowNum(11,0,a);
    LCD_ShowNum(13,0,d);

    if(temp<3.5)
    {
        GPIO_ResetBits(GPIOA,GPIO_Pin_15);
        LCD1602_ShowStr(2,1,"Voltage Low",11);
    }
}
```

（4）仿真结果

调节滑动变阻器的"↑""↓"控制点，改变触点电位。当触点位置为 76%时，显示的电压测量值为 3.8V，如图 4.28 所示，蜂鸣器不发声。

当触点位置为 68%时，显示的电压测量值为 3.4V，液晶显示器额外提示电压低，如图 4.29 所示，蜂鸣器发声报警。

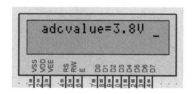

图 4.28　锂电池电压正常时的显示结果

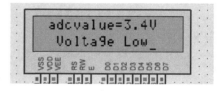

图 4.29　锂电池欠电压时的显示结果

任务实施

根据基于单片机的智慧景观电源电压采集系统的结构图，以及利用本书提供的电路图、程序工程文件，使用 Keil 软件进行编译并生成 HEX 文件，然后利用 Proteus 软件绘制电路图、加载 HEX 文件并运行。调节电位器，测试不同锂电池电压的情况下，采集系统的报警和显示功能，并完成表 4.3 所示的任务实训报告。

表 4.3　智慧景观电源电压数据采集系统实训报告

任务描述
应用场景描述。

实训准备
1．分析系统的主要功能单元及系统的整体架构，画出系统的硬件组成框图。
2．ADC 的选型。

任务实施
1．实训内容及步骤。
（1）电路设计图。

图 1　电路设计图

（2）程序流程图。

图 2　程序流程图

（3）程序代码。

2．系统搭建与测试中的问题及解决方法。

总结与提高

请总结本次任务的兴趣点、成就点和疑虑点。

兴趣点：

成就点：

疑虑点：

考核与评价

1. 自我评价

　　个人签字：　　　　　　　　　日期：

2. 组长评价

　　组长签字：　　　　　　　　　日期：

3. 教师评价

　　教师签字：　　　　　　　　　日期：

项目5 智慧景观环境温湿度数据采集系统——串口 UART 应用

 项目目标

通过本项目的教学，学生理解相关知识之后，应达成以下目标。

知识目标

1）了解环境温湿度数据采集系统各部分的功能。

2）了解常见的温湿度传感器的型号、品牌和相关参数。

3）掌握 UART 工作原理，以及基本时序和主要参数的含义。

4）掌握 STM32F103 单片机 UART 库函数的使用方法。

能力目标

1）能绘制环境温湿度数据采集系统的结构图。

2）能设计温湿度传感器的数据采集电路及程序。

3）能设计 STM32F103 单片机的 UART 通信电路及程序。

4）能设计显示器的电路及程序。

5）能实现环境温湿度数据采集系统的功能。

素质目标

1）提升学生的创新思维和创新能力。

2）提升学生的秩序性和规范性。

3）培养学生诚实守信和信息安全意识。

4）锻炼学生的动手能力及团队协作能力。

 导入案例

智慧景观环境温湿度数据采集系统应用先进的传感器技术与物联网技术来实时监测和管理城市绿地、公园、街道绿化带、景区及其他户外空间的温湿度状况。该系统集成了高精度的温湿度传感器，实现对环境温湿度参数的自动感知、采集和传输，为景观设计、植物养护、生态保护等方面提供有力支持。通过数据可视化展示，用户能够更直观地了解环境状况。某公园环境数据展示如图 5.1 所示。

彩图 5.1

图 5.1　某公园环境数据展示

任务 5.1　系统方案设计

任务描述

假如你是一名电子信息技术人员，基于 STM32F103R6 进行开发，能实现环境温湿度快速采集，并将采集的结果通过 UART 串口发送到上位机，满足实时监测温湿度数据的需求。请你完成一份智慧景观环境温湿度数据采集系统的温湿度传感器选型表，该选型表涉及 2～3 个传感器型号、品牌、相关技术参数。

任务资讯

1. 系统总体组成结构及功能

系统通常包含以下核心组成部分。

感知智慧景观环境温湿度数据采集系统

1）温湿度传感器：如 SHT15、SHT30 系列等，这些传感器能够准确测量并输出当前环境中的温度和相对湿度值，具有高灵敏度、低功耗、长期稳定性等特点。

2）数据采集模块：负责从各分布点的传感器接收信号，并进行初步的数据处理和存储。该模块可基于具体的微控制器（如 STM32、8051 系列单片机或更高级的嵌入式处理器）进行设计。

3）无线通信模块：采用 WiFi、ZigBee、LoRa、NB-IoT 等无线网络技术，将采集到的温湿度数据远程发送至监控中心或云端服务器，实现数据的实时传输和远程监控。

4）云平台与数据分析：接收到数据的云平台可以实现数据整合、分析、预警等功能，通过可视化界面展示环境温湿度的变化趋势，为景观环境的精细化管理和决策提供科学依据。

5）供电方案：考虑到智慧景观的部署特点，系统可能会被配备为太阳能供电、电池供电或是低功耗模式，以确保系统在各种环境中稳定运行。

6）报警机制：当环境温湿度超出预设阈值时，系统可触发报警通知，及时采取措施调整环境条件，如启动喷灌系统以调节湿度，或开启空调设备调控温度。

7）扩展功能：根据实际需求，智慧景观环境温湿度数据采集系统还可与其他环境监测设备集成，如光照强度、土壤水分、空气质量传感器等，形成综合性的环境监测网络。

在这里，我们制作一个简化的智慧景观环境温湿度数据采集系统，主要由温湿度传感器、微控制器、报警灯、蜂鸣器、显示器和虚拟终端组成，如图 5.2 所示。

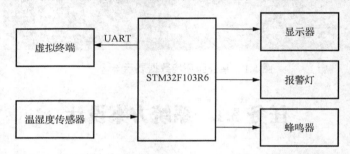

图 5.2　简化的智能景观环境温湿度数据采集系统的结构图

该系统的具体功能如下。

1）系统启动时进行初始化，报警灯灭，蜂鸣器消声。显示器显示"Temp"、"Humi"、"C"、"%RH"和"Normal"字符。虚拟终端显示"Normal"字符。

2）温湿度传感器每分钟定时采集一次环境中的温度和湿度数据。其具有高精度和快速响应的特点，能够准确反映环境的温湿度状况。

3）微控制器接收来自传感器的数据，并进行初步的处理和存储。其通常具有强大的数据处理能力，能够确保数据的准确性和完整性。

4）显示器实时显示当前的温湿度数据和报警状态。

5）当温度数据发生±1℃变化，湿度数据发生±1%RH 的变化时，UART 串口发送温湿度数据到虚拟终端。

6）当数据温度数据超过 30℃或湿度数据超过 40%RH 时，显示器显示报警信息"Alarm"，串口 UART 发送"Alarm"到虚拟终端，报警灯亮，蜂鸣器响。否则，显示器显示正常信息"Normal"，串口 UART 发送"Normal"到虚拟终端，报警灯灭，蜂鸣器消音。

2. 温湿度传感器

温湿度传感器是一种能感受温度和湿度并将其转换为可用输出信号的测量设备，是环境测量和监测的重要设备。

（1）温湿度传感器的发展历程

1593 年,意大利科学家伽利略发明了最早的温度计,它基于液体受热膨胀原理制成。

随后几个世纪中，温度测量技术逐渐改进，1821 年德国物理学家托马斯·约翰·塞贝克发现塞贝克效应，制造出能够将温度变化转化为电信号的热电偶传感器，标志着温度测量技术的重大飞跃。

湿度传感器的起源较早，最初形态是简单的湿敏电阻或湿敏电容器。这些元件上的聚合物膜会随环境湿度的变化而改变其电阻或电容值，从而实现对湿度的间接测量。

在很长一段时间内，温度和湿度都是通过单独的传感器进行测量的。随着科技的进步，不同类型的湿度传感器如线性电压输出、频率输出等集成化产品开始出现，如 SHT11 湿度传感器。20 世纪后期至 21 世纪初，随着微电子技术和半导体工艺的发展，出现了集成化的温湿度传感器，能同时精确测量并转换温度和湿度为数字信号输出。

近年来，物联网（internet of things，IoT）技术的兴起推动了温湿度传感器的智能化和网络化。DHT 系列（如 DHT11、DHT22）等传感器整合了温度和湿度感应功能，并采用单总线通信方式传输数据，便于嵌入各种智能设备和系统中。

微机电系统（micro electro mechanical system，MEMS）技术使温湿度传感器体积更小、功耗更低、性能更稳定，促进了诸如高性能室内用温湿度检测产品的开发，这些产品不仅有高精度和低漂移的特点，还能结合物联网技术实现实时监控和远程数据传输。

温湿度传感器从最初的简单机械装置演变为高度集成、智能化且适应多种应用场景的先进传感器，这一发展历程反映了科学技术在不断进步，以及人们对环境监测需求的不断提升。

随着科技的不断发展，温湿度传感器的性能和应用范围也在不断提升和扩大，已经广泛应用于各领域，包括智能楼宇、数据中心、安防监控等。它们不仅具有高精度和高稳定性，而且能够通过各种通信方式实时传输数据，为各种应用提供了强大的支持。

（2）温湿度传感器的选型

智慧景观环境温湿度数据采集系统在选择温湿度传感器时，需要考虑以下几个关键因素。

走进温湿度传感器
的世界

1）测量范围。温度测量范围应覆盖景观环境中可能出现的温度变化范围，如-20～60℃或更宽广的范围，确保在各种气候条件下都能准确监测。

湿度测量范围通常为 0%～100%RH，确保无论是干燥还是潮湿的环境下，传感器都能提供有效数据。

2）精度和分辨率。

① 精度是指传感器测量值与实际值之间的差异程度，应根据应用需求选择高精度传感器，以确保环境控制和决策支持的准确性。

② 分辨率是指传感器能够检测到的最小变化量，对于精细化管理而言，较高的分辨率有利于捕捉细微的环境变化。

3）稳定性与可靠性。传感器需具备良好的稳定性和可靠性，能在户外复杂多变的自然环境中长期稳定工作，不受光照、风蚀、雨水等影响。

抗腐蚀性能也很重要，尤其是针对可能接触土壤、水分或盐雾等侵蚀性介质的情况。

4）功耗与电源管理。对于无线智能传感器节点，低功耗设计是必需的，以便延长电池的使用寿命或减少太阳能供电系统的压力。

5）信号输出形式与协议。信号输出形式有模拟量和数字量。模拟量主要有电压、电流和频率等。数字量有单总线、集成电路（I2C）总线和串行外设接口（serial peripheral interface，SPI）等。数字量传感器的抗干扰能力强，且便于开发，但价格较贵。

在协议方面，温湿度传感器应支持易于集成到物联网中的通信标准，并且具有相应的数据传输速率要求。

6）封装与安装。封装形式应适合户外安装，防水防尘等级高，便于隐蔽安装且不影响景观美观。安装方式灵活，可适应不同位置（如树干、花坛、建筑物表面）的部署要求。

7）成本效益分析。成本包括购买成本和安装与维护成本。根据项目预算和预期维护成本来权衡传感器的成本与其性能指标，在保证质量的前提下选择价格合适的产品。

在智慧景观项目中选择温湿度传感器时，需要综合考虑以上各项技术参数及实际应用场景的需求。

在智慧景观环境温湿度数据采集系统中，温度的测量范围为-20～40℃。湿度的变化为 40%～80%RH。应用场景对温湿度传感器的精度、灵敏度、分辨力和响应度等要求不高。该应用场景应选择低于 200 元的温湿度传感器。

温湿度传感器的工作环境（温度、湿度、粉尘、腐蚀性和电磁场等）应适合智慧景观应用，减少漂移现象。

3. 常见的温湿度传感器

（1）DHT11 温湿度传感器

DHT11 温湿度传感器是一款温湿度一体化的数字传感器。它具有体积小巧、性价比高、易于使用的特点。该传感器内部集成了一个电阻式测湿元件和一个负温度系数（negative temperature coefficient，NTC）热敏电阻，并配有高性能的 ADC 和微控制器处理单元，可以实时采集本地的湿度和温度。DHT11 温湿度传感器采用单总线接口将数据输出给外设。单个数据引脚端口 DOUT 完成输入、输出双向传输，将传感器内部计算出的湿度值和温度值一次性传给单片机。该数据采用校验和方式进行校验，有效地保证了数据传输的准确性。

其主要性能参数有以下几个。

1）工作电流：DHT11 的平均工作电流约为 0.5mA，这使它在低功耗应用中具有优势。

2）温度测量范围：0～50℃。

3）温度测量精度：±2℃（在 25℃时）。

4）湿度测量范围：20%～90%RH。

5）湿度测量精度：±5%RH（在 25℃，60%RH 时）。

6）工作电压：3.3～5.5V。

7）分辨率：湿度分辨率为 1%RH，温度分辨率为 1℃。

8）信号输出：单总线数字信号。

DHT11 温湿度传感器如图 5.3 所示。其中，VCC 是供电引脚，接 3～5.5V 直流电源。DOUT 为数据引脚，用于与微控制器进行串行数据传输。GND 为接地引脚，接电源地线。

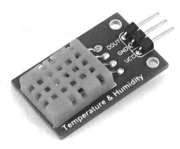

DHT11 温湿度传感器广泛应用于智能家居的暖通空调和湿度调节器中，用于监控室内温湿度，调节空调、加湿器等设备的工作状态。在智慧农业领域，用于监测温室、大棚等农业生产环境的温湿度，指导农业生产。在工业生产领域，用于监测生产线、仓库等工业环境的温湿度，保证产品质量。在医疗保健领域，用于监测医院病房、手术室等医疗环境的温湿度，为患者创造舒适的治疗环境。

图 5.3 DHT11 温湿度传感器

（2）SHT31 温湿度传感器

SHT31 温湿度传感器是 Sensirion（盛思锐）公司推出的一款高精度、高可靠性的环境温湿度检测模块。SHT31 温湿度传感器通过结合全新设计的 CMOSens 芯片、经过改进的电容式湿度传感元件及标准的能隙温度传感器，实现了高精度、高可靠性的温湿度测量。

CMOSens 芯片是一种高度集成的传感器芯片，它结合了传感器元件和信号处理电路，具有高精度、高稳定性和低功耗等特点。这种芯片技术使 SHT31 温湿度传感器能够输出完全校准、线性化和温度补偿的数字信号，大大简化了后续的数据处理过程。

电容式湿度传感元件是 SHT31 温湿度传感器中用于测量湿度的关键部分。经过改进的电容式湿度传感元件具有更高的灵敏度和更好的稳定性，能够准确测量环境中的湿度变化。这种传感元件通过测量温度引起的电容值变化来检测湿度，从而提供精确的湿度数据。

能隙温度传感器则用于测量温度的部分。它基于能隙原理工作，能够精确地测量传感器自身的温度，并据此对温度测量结果进行温度补偿。这种温度补偿机制使 SHT31 温湿度传感器在不同的环境温度下都能保持稳定的测量性能。

其主要性能参数有以下几个。

1）温度测量范围：-40～125℃。

2）温度测量精度：在 0～90℃范围内，精度为±0.2℃。

3）湿度测量范围：0%～100%RH。

4）湿度测量精度：±2%RH（在 25℃，60%RH 时）。

5）工作电压：2.4～5.5V。

6）接口方式：支持 I2C 通信方式，能够方便地与其他设备进行数据交换。

SHT31 温湿度传感器如图 5.4 所示。其中，VIN 是电压输入引脚，为传感器提供工作所需的电源，接 2.4～5.5V 直流电源。GND 为接地引脚，接电源地线。SCL 为 I2C 时钟线引脚，SCL 控制着数据传输的速率和同步。SDA 是 I2C 数据线引脚，用于传感器的数据输入和输出。在数据传输过程中，SDA 引脚在串行时钟（serial clock，SCL）的上升沿有效，且当 SCL 为高电平时，SDA 必须保持稳定。在 SCL 下降沿之后，SDA 的值可以被改变。AD 为地址引脚，通过连接 VSS 或 VDD，可以为传感器提供两个不同的地址。这个引脚不能悬空，必须给予明确的电平信号。AL 为报警引脚，如果应用需要，则可以将其连接到单片机的外部中断上；若不使用，则建议悬空。

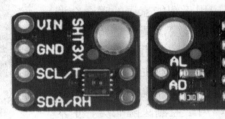

图 5.4　SHT31 温湿度传感器

SHT31 温湿度传感器广泛应用于环境监控、智能家居、工业自动化、发动机和机动车辆、医疗、消费电子和家用电器等行业。

（3）CJHT1001 温湿度传感器

CJHT1001 采用高分子湿敏电阻和高精度热敏电阻作为传感元件。

其主要性能参数有以下几个。

图 5.5　CJHT1001 温湿度传感器

1）温度测量范围：0～50℃。

2）温度测量精度：±1℃。

3）湿度测量范围：20%～95% RH。

4）湿度测量精度：±3%RH。

5）工作电压：4.75～5.5V。

6）接口方式：模拟电压输出为 0～3V，可以采用 STM32 的 ADC 进行模拟量采集。

CJHT1001 温湿度传感器如图 5.5 所示，其中①是 VCC 供电引脚，接 3～5.5V 直流电源；②是湿度信号输出线；③接电源地端；④是温度信号输出线。

CJHT1001 温湿度传感器广泛应用于食品储存和运输、建筑物管理、医疗保健和家庭自动化等行业。

揭开单片机串行
通信的秘密

4．串口通信

串口通信是一种数据传输方式，采用串行通信协议在一条信号线上将数据一位接一位地按顺序进行发送和接收。由于其简单性和能够实现远距离通信的特点，串口通信在通信领域具有重要的地位，用于短距离或中等距离的数据交换。

与并行通信相比，串口通信只需要一根或少数几根线就可以完成数据的收发，每根线上依次发送或接收每一位数据。

在异步串行通信中，没有共享的时钟信号来同步发送器和接收器，而是通过起始位、数据位、校验位和停止位来实现同步。每个数据包都以特定的格式传输。

串口通信的关键参数包括波特率（比特率，即每秒传输的位数）、数据位（通常为 5～8 位）、校验位（奇偶校验或无校验）、停止位（1 位或 2 位）。

常见的串口物理接口标准有 RS-232、RS-422、RS-485 等。其中，RS-232 是最早的个人计算机上的标准串口配置，而 RS-422 和 RS-485 则支持多点通信和更长的距离。

串口被广泛应用于各种设备［如计算机与调制解调器、计算机与其他外设（打印机、扫描仪、GPS 模块等）］之间的连接，工业控制领域的传感器与控制器之间的通信，以及嵌入式系统的内部和外部通信等。

除了物理层的标准，串口通信还需要遵循一定的通信协议来确保数据的有效传输，如 ASCII 码、Modbus RTU（远程终端单元）等。

5.　UART 概述

UART 是异步串行全双工通信。由于是异步通信，通信双方依照约定的波特率采样数据电平，而不是依靠独立的时钟线触发采样；由于是全双工，因此 UART 使用两根数据线实现数据的双向传输，一根发送数据，另一根接收数据。最简单的 UART 接口由 TxD、RxD 和 GND 共 3 根线组成。其中，TxD 用于发送数据，RxD 用于接收数据，GND 是地线。

UART 采用晶体管-晶体管逻辑（transistor transistor logic，TTL）和互补金属氧化物半导体（complementary metal-oxide-semiconductor，CMOS）的逻辑电平标准表示数据，用高电平表示逻辑 1，用低电平表示逻辑 0。

（1）UART 的工作原理

为了确保能正确地发送和接收数据，通信双方必须事先在物理上建立连接，在逻辑上商定协议。就像我们平时拨打电话，先要在通信双方之间建立通信线路（建立物理连接），并使用双方都能听懂的语言（商定逻辑协议），才能开始通话（全双工数据通信）。嵌入式系统中典型的异步串行全双工通信接口是 UART，它是实现串口通信的关键组件之一。

单片机 UART
通信原理

它提供了将数据从并行格式转换为串行格式的功能，并通过串口进行数据的发送和接收。在使用串口进行通信时，UART 负责处理数据的转换和校验，确保通信的可靠性和稳定性。它广泛应用于计算机、嵌入式系统、通信设备等，以实现设备之间的串行数据通信。

STM32F103 系列单片机中的 UART 模块称为 USART。从名称上看，相比 UART，多了一个字母 S，它表示 Synchronous（同步）。因此，STM32F103 系列单片机内部集成的 USART 模块在具备 UART 异步全双工串行通信传输基本功能的同时，还具有同步单向通信的功能，可以说是一种增强型的 UART 接口。

由于异步串口更为常用，并且更为通用，因此我们在本书中统一使用 UART，而不使用 USART 进行表述。ST 官方标准外设库函数源代码的相关部分统一使用 USART 作为前缀，本书在引用的时候原样照录。

（2）UART 的数据格式

UART 数据是按照一定的格式打包成帧，以帧为单位在物理链路上进行传输的。UART 的数据格式由起始位、数据位、校验位、停止位和空闲位构成。其中，起始位、数据位、校验位和停止位构成了一个数据帧，如图 5.6 所示。

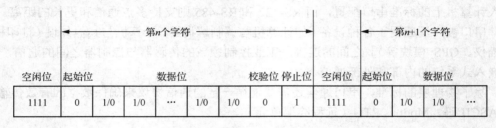

图 5.6　UART 的数据格式

1）起始位。必选项，长度为 1 位，值为逻辑 0。UART 在每一个数据帧的开始，先发出一个逻辑 0 信号，表示传输字符开始。

2）数据位。必选项，长度可以是 5～9 位，每个数据位的值可以为逻辑 0 或逻辑 1。通常，数据用 ASCII 码表示，采用小端方式一位一位传输，即最低有效位（least significant bit，LSB）在前，最高有效位（most significant bit，MSB）在后，由低位到高位依次传输。

3）校验位。可选项，长度为 0 或 1 位，值可以为逻辑 0 或逻辑 1。如果校验位的长度为 0，则不对数据位进行校验；如果校验位的长度为 1，则需要对数据位进行奇校验或偶校验。奇校验或偶校验的规则是，加上这 1 位校验位后，使数据位连同校验位中逻辑 1 的位数为奇数（奇校验）或偶数（偶校验）。

4）停止位。必选项，长度可以是 1 位、1.5 位或 2 位，值一般为逻辑 1。停止位是一个数据帧结束标志。

5）空闲位。数据传送完毕，线路上将保持逻辑 1，即空闲状态，也就是说线路上当前没有数据传输。

综上所述，UART 通信以帧为单位进行数据传输。一个 UART 数据帧由 1 位起始位、5～9 位数据位、0/1 位校验位和 1/1.5/2 位停止位 4 部分组成。除起始位外，其他 3 部分所占的位数具体由 UART 通信双方在数据传输前设定。

（3）UART 的传输速率

UART 的传输速率可以用比特率或波特率来表示。比特率，即每秒传送的二进制数，单位为 bit/s（bit per second）、kbit/s 或 Mbit/s，需要特别注意的是，在这里的 k 和 M 分别表示 10^3 和 10^6，而非 2^{10} 和 2^{20}。波特率，即每秒传送码元的个数，单位为 baud。因为 UART 使用不归零（non-return to zero，NRZ）编码，所以 UART 的波特率和比特率是相同的。在实际应用中，常用的 UART 传输速率有 1200bit/s、2400bit/s、4800bit/s、9600bit/s、19200bit/s、115200bit/s 等。

在 UART 通信中，发送方和接收方必须使用相同的波特率才能正常通信。如果波特率不匹配，则可能会导致数据传输错误或无法正常通信。在设置 UART 通信波特率时，需要考虑通信双方的硬件限制和通信需求。通常情况下，较低的波特率可提高通信的可靠性，而较高的波特率可以提高通信速度。利用串口调试助手可以实现 PC 与单片机之间的 UART 通信，其参数设置如图 5.7 所示。

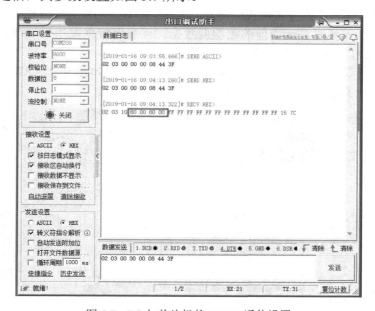

图 5.7   PC 与单片机的 UART 通信设置

任务实施

根据任务描述，以小组为单位，每组 3～5 人，分组讨论任务实施方案。分析智慧景观环境温湿度数据采集系统，熟悉温湿度传感器的型号、量程、分辨率、精度、接口方式、工作电压和价格等参数，按照要求每组完成常用温湿度传感器的调研，编制表 5.1，完成任务实施。

表 5.1   智慧景观环境温湿度传感器选型

团队成员：							调查时间：	
序号	产品名称及型号	量程	分辨率	精度	响应时间	接口方式	工作电压	价格
1	DTH11	0～50℃，20%～90%RH	1℃，1%RH	±2℃，5%RH	2～5s	单总线	3.3～5.5V	5 元
2								
3								

任务 5.2　系统开发与仿真

📝 任务描述

　　假如你是一名嵌入式系统开发人员，基于 STM32F103R6 进行开发，请设计该系统的程序流程图，基于 C 语言完成代码开发。该系统的具体功能为每分钟定时采集一次温湿度数据；显示器实时显示当前的温湿度数据；当温度数据发生±1℃或湿度数据发生±1%RH 的变化时，发送温湿度数据到虚拟终端。

　　结合智慧景观环境温湿度数据采集系统的功能要求及本项目 UART 知识技能讲解的便利性，设计了如图 5.8 所示的参考电路图。

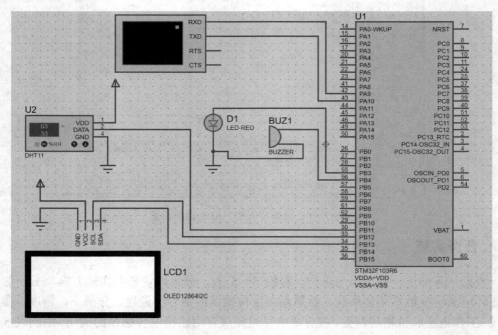

图 5.8　智慧景观环境温湿度数据采集系统参考电路图

📚 任务资讯

探索单片机采
集温湿度之旅

1. 温湿度数据采集显示模块设计与仿真

（1）温湿度数据采集显示模块

　　智慧景观环境温湿度数据采集系统的温湿度数据采集模块由 STM32F103R6 单片机、DHT11 温湿度传感器和 OLED12864 显示器组成，如图 5.9 所示。

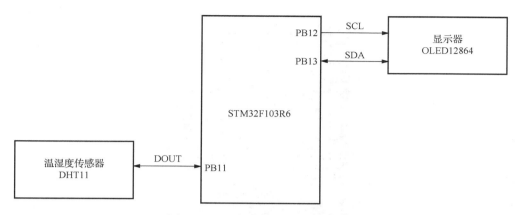

图 5.9　温湿度数据采集模块的结构

该模块的具体功能如下。

1）系统初始化时，显示器显示"Temp"、"Humi"、"C"、"%RH"和"Normal"字符。

2）每分钟定时采集一次温湿度数据。

3）显示器实时显示当前的温湿度数据。

4）当温度数据超过 30℃或湿度数据超过 40%RH 时，显示器显示报警信息"Alarm"。

（2）电路设计

1）典型电路。DHT11 温湿度传感器有 3 个引脚，VCC 是电源正极，GND 是电源负极，DOUT 是双向数据传输线，与微控制器进行命令和数据的通信。其典型应用电路如图 5.10 所示，电路原理图如图 5.11 所示。

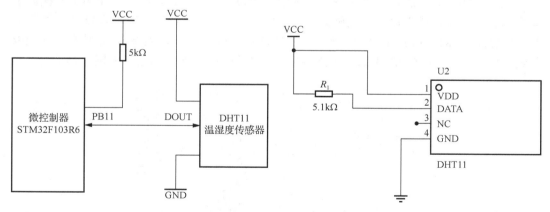

图 5.10　DHT11 温湿度传感器的典型应用电路　　图 5.11　DHT11 温湿度传感器的电路原理图

2）电路图绘制。打开 Proteus，根据新建工程向导，创建工程名为"datacollection"的新工程，保存路径自定义。选择"从选中的模板中创建原理图"中的"DEFAULT"选项，选择"不创建 PCB 布版设计"，选择"没有固件项目"。选择"元件模式"，单击"蓝色 P"按钮，在对话框中搜索"STM32F103R6"，选择并放置在电路图中，如图 5.12 所示。

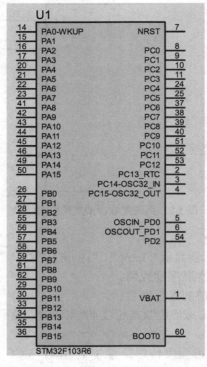

图 5.12　添加 STM32F103R6

选择"DHT11"放置在电路图中。选中"DHT11"传感器，右击，在弹出的快捷菜单中选择"X 轴镜像"命令，调整其位置。将 DHT11 的 DATA 引脚（即 DOUT 引脚）与 STM32F103R6 的 PB11 引脚相连，将 DHT11 的 VDD 引脚与"终端模式"中的 POWER 相连，将 DHT11 的 GND 引脚与"终端模式"中的 GROUND 相连，如图 5.13 所示。

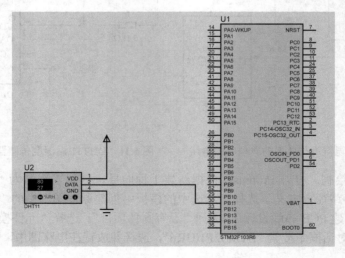

图 5.13　DHT11 与 STM32F103R6 相连

选择"OLED12864I2C"放置在电路图中。将 SCL 与 STM32F103R6 的 PB12 引脚相连，将 SDA 与 STM32F103R6 的 PB13 引脚相连，将 VCC 引脚与"终端模式"中的 POWER 相连，将 GND 引脚与"终端模式"中的 GROUND 相连，如图 5.14 所示。

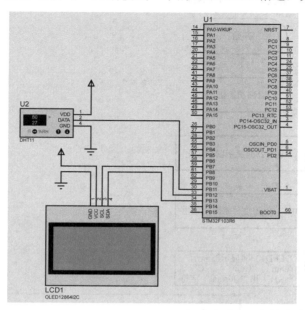

图 5.14　OLED12864I2C 与 STM32F103R6 相连

若电源端没有任何标号，则默认 VCC 为 5V 供电。由于 STM32F103R6 需要的电源大小为 3.3V，因此需要配置供电网。选择菜单栏中的"设计"→选择"配置供电网"选项，在弹出的对话框中新建电源导轨，并设置对应电压为 3.3V，再将未连接的电网添加到 VDD 中，如图 5.15 所示。

图 5.15　配置电源线

（3）程序设计

1）程序流程。程序流程主要包括初始化程序、温湿度采集程序、温湿度显示程序和阈值判断等，其流程图如图 5.16 所示。

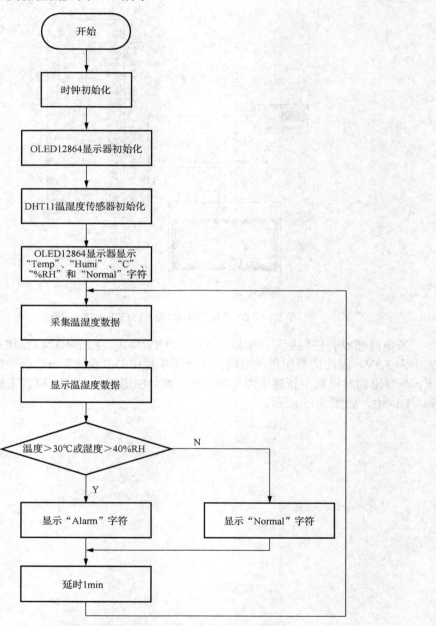

图 5.16　温湿度数据采集显示模块的流程图

初始化包括时钟、OLED12864 显示器和 DHT11 温湿度传感器等接口的初始化。系统启动时，OLED12864 显示器显示"Temp"、"Humi"、"C"、"%RH"和"Normal"字符。然后开始采集温湿度数据，并实时地在 OLED12864 显示器上显示当前的温湿度数据。当温度数据超过 30℃或湿度数据超过 40%RH 时，OLED12864 显示器显示报警信息"Alarm"。否则，OLED12864 显示器显示正常信息"Normal"。然后延时 1min，进行下一次的采集。

2）DHT11 温湿度传感器初始化。对于初始化程序而言，包括初始化配置结构体、打开相关外设时钟、配置引脚、配置外设等步骤。首先我们需要将 PB11 引脚设置为推挽输出模式。如果更换其他引脚，那么对 DHT11_Init()函数中的针对 PB11 的初始化代码进行对应的修改即可。

```
u8 DHT11_Init(void)
{
    GPIO_InitTypeDef  GPIO_InitStructure;
    RCC_APB2PeriphClockCmd(RCC_APB2Periph_GPIOB, ENABLE);        /*使能
PB 端口时钟*/
    GPIO_InitStructure.GPIO_Pin = GPIO_Pin_11;              //配置 PB11 端口
    GPIO_InitStructure.GPIO_Mode = GPIO_Mode_Out_PP;//推挽输出
    GPIO_InitStructure.GPIO_Speed = GPIO_Speed_50MHz;
    GPIO_Init(GPIOB, &GPIO_InitStructure);             //初始化 I/O 接口
    GPIO_SetBits(GPIOB,GPIO_Pin_11);               //PB11 输出高电平
    DHT11_Rst();  //复位 DHT11
    return DHT11_Check();//等待 DHT11 的回应
}
```

复位程序 DHT11_Rst()的功能是主机发送开始信号，即拉低数据线，保持 t_1（至少 18ms）时间，然后拉高数据线 t_2（20～40μs）时间，然后读取 DHT11 的响应。DHT11 温湿度传感器的数据传输流程如图 5.17 所示。

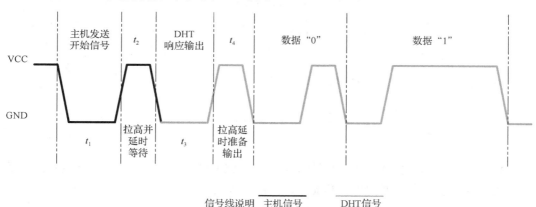

图 5.17　DHT11 温湿度传感器的数据传输流程

响应程序 DHT11_Check()是指如果 DHT11 温湿度传感器工作正常，则 DHT11 温湿度传感器会拉低数据线，保持 t_3（40～50μs）时间，作为响应信号，然后 DHT11 温湿

度传感器拉高数据线，保持 t_4（40～50μs）时间后，开始输出数据。即如果主机收到"0"，表示低电平，则正常工作；如果主机收到"1"，表示高电平，则说明 DHT11 温湿度传感器有故障，需要检查硬件连接情况和设备状况。

通过 DHT11 温湿度传感器输出数字"0"和数字"1"的时序对比可以看出，数字"1"高电平持续时间较长。设计程序时，可以延迟 28μs 后再读取。如果是高电平，则是数字"1"，否则是数字"0"。连续读取 40 位后，就可以计算出温湿度数据了。

3）采集温湿度。DHT11 温湿度传感器正常响应后，开始传输数据。其数据包由 5 字节（40 位）组成。数据分小数部分和整数部分，一次完整的数据传输为 40 位（高位先出），即 8 位湿度整数数据+8 位湿度小数数据+8 位温度整数数据+8 位温度小数数据+8 位校验和。其中，校验和数据为前 4 字节相加，如图 5.18 所示。

手把手教你温湿度
显示驱动设计

byte0	byte1	byte2	byte3	byte4
01000101	00000000	00011100	00000000	01100001
整数	小数	整数	小数	校验和
湿度		温度		校验和

图 5.18　DHT11 的数据格式

```c
u8 DHT11_Read_Data(u8 *temp,u8 *humi)
{
    u8 buf[5];
    u8 i;
    DHT11_Rst();
    if(DHT11_Check()==0)
    {
        for(i=0;i<5;i++)//读取 40 位数据
        {
            buf[i]=DHT11_Read_Byte();
        }
        if((buf[0]+buf[1]+buf[2]+buf[3])==buf[4])
        {
            *humi=buf[0];
            *temp=buf[2];
        }
    }else return 1;
    return 0;
}
```

4）主程序。主程序用于实现时钟、OLED12864 显示器和 DHT11 温湿度传感器的初始化，以及温湿度数据的采集和显示。当超过设定的阈值时，显示报警信息。

```c
#include "stm32f10x.h"    //添加库文件
#include "delay.h"        //添加时钟文件
#include "dht11.h"        //添加 DHT11 温湿度传感器头文件
#include "OLED.h"         //添加 I2C 显示器头文件
```

```
int main(void)
{
    u8 temperature;
    u8 humidity;
    delay_init();                              //时钟初始化
    OLED_Init();                               //12864I2C 显示器初始化
    while(DHT11_Init());                       //DHT11 温湿度传感器初始化
    OLED_ShowString(1,3,"Temp");               //显示"Temp"字符
    OLED_ShowString(2,6,"C");                  //显示"C"字符
    OLED_ShowString(1,10,"Humi");              //显示"Humi"字符
    OLED_ShowString(2,13,"%RH");               //显示"%RH"字符
    OLED_ShowString(3,6,"Normal");             //显示"Normal"字符

    while(1)
    {
        DHT11_Read_Data(&temperature,&humidity);   //采集温湿度数据
        OLED_ShowSignedNum(2,3,temperature,2);     //显示温度数据
        OLED_ShowSignedNum(2,10,humidity,2);       //显示湿度数据
        if(temperature>30|| humidity>40)           //超过设置阈值
            OLED_ShowString(3,6,"Alarm");          //显示"Alarm"字符
        else
            OLED_ShowString(3,6,"Normal");         //显示"Normal"字符
        delay_ms(60000);                           //延时 1min
    }
}
```

（4）仿真结果

使用 Keil 软件对整个程序进行编译，生成 HEX 文件。双击 STM32F103R6，在打开的对话框中选择刚才生成的 HEX 文件。在"OSC Frequency"文本框中输入"8MHz"，其他参数设置如图 5.19 所示。

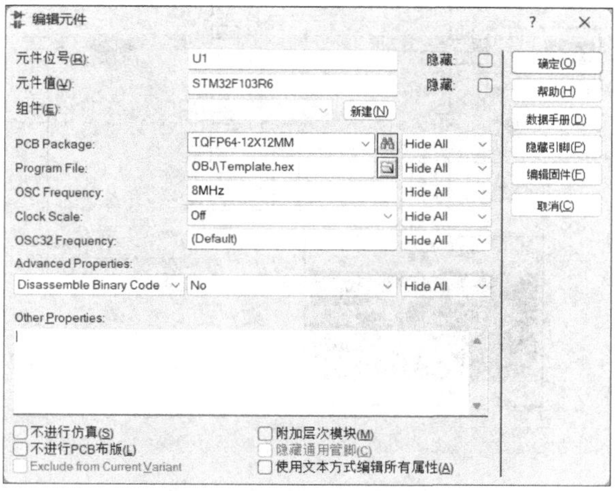

图 5.19　设置单片机仿真参数

单击仿真软件左下角的 ▶ 符号进行仿真，即可看到温湿度值，如图 5.20 和图 5.21 所示。单击 DHT11 模块的 ⟷ 按钮，可以切换修改温度值或者湿度值，上下箭头可以升高或降低温湿度值。用户可以实时改变温湿度值，显示器上的数值也会随之改变。

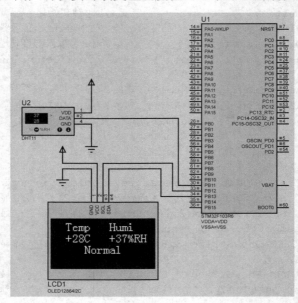

图 5.20　温湿度数据正常

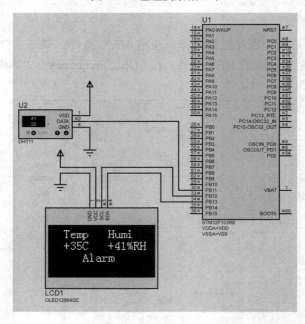

图 5.21　温湿度数据异常

2．UART 通信模块设计与仿真

（1）UART 通信模块

智慧景观环境温湿度数据采集系统的 UART 通信模块是在温湿度数据采集显示模块的基础上，添加串口 UART 模块，将数据通过串口 UART 模块发送到虚拟终端。其结构如图 5.22 所示。

UART 通信在应用系统中的设计与实现

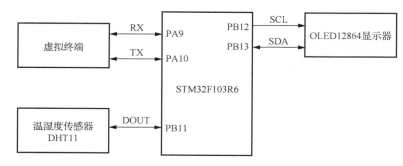

图 5.22　UART 通信模块的结构

该模块的具体功能如下。

1）系统启动时，虚拟终端显示"Normal"字符。

2）当温度数据发生±1℃、湿度数据发生±1%RH 的变化时，发送温湿度数据到虚拟终端。

3）当温度数据超过 30℃或湿度数据超过 40%RH 时，发送"Alarm"到虚拟终端。否则，串口 UART 发送"Normal"到虚拟终端。

（2）电路设计

1）典型电路。对于大容量的 STM32F103 系列单片机，包含 3 个 USART 和 2 个 UART。任何 USART 双向通信均至少需要接收数据输入引脚 RX 和发送数据输出引脚 TX。

① 接收数据输入引脚 RX：接收数据输入引脚就是串行数据输入引脚。通过采样技术可区分有效输入数据和噪声，从而用于恢复数据。

② 发送数据输出引脚 TX：发送数据输出引脚。如果关闭发送器，则该输出引脚模式由其 I/O 端口配置决定。如果使能了发送器但没有待发送的数据，则 TX 引脚处于高电平。具体的某款芯片有些许区别。串口 1 的典型电路如图 5.23 所示。串口引脚对应表如表 5.2 所示。

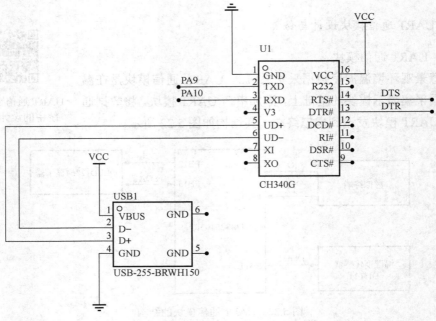

图 5.23　串口 1 的典型电路图

表 5.2　串口引脚对应表

串口号	RXD	TXD
1	PA10	PA9
2	PA3	PA2
3	PB11	PB10
4	PC11	PC10
5	PD2	PC12

2）电路图绘制。选择"虚拟仪器模式"中的"VIRTUAL TERMINAL"，如图 5.24
所示，然后将其放置在电路图中。

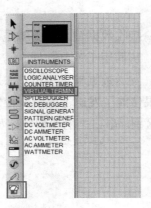

图 5.24　选择虚拟串口

　　PA9 是串口 1 的发送端，PA10 是串口 1 的接收端。因此，将 RXD 与 STM32F103R6 的 PA9 引脚相连，将 TXD 与 STM32F103R6 的 PA10 引脚相连，RTS 和 CTS 悬空，如图 5.25 所示。

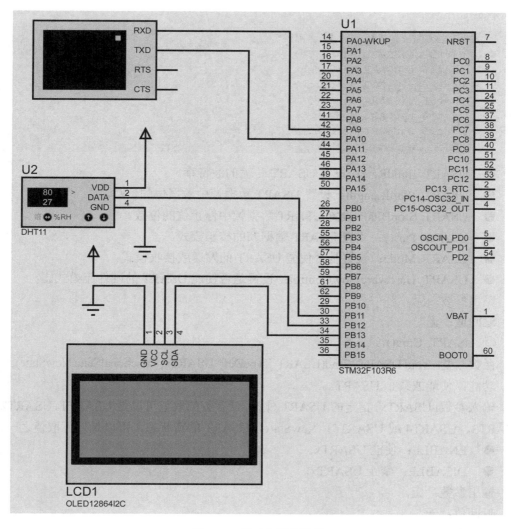

图 5.25　串口电路设计图

（3）程序设计

1）STM32F103 UART 常用库函数。

① USART_Init()。

函数原型：void USART_Init(USART_TypeDef* USARTx, USART_InitTypeDef* USART_InitStruct)。

功能：根据 USART_InitStruct 中指定的参数初始化外设 USARTx 寄存器。

输入参数：USARTx，指定的 USART 外设，该参数的取值可以是 USART1、USART2、USART3、USART4 或 USART5；USART_InitStruct，指向结构体 USART_InitTypeDef 的指针，包含 USARTx 的配置信息；USART_InitTypeDef，定义于文件 stm32f10x_usart.h 中，代码如下。

```
typedef struct{
  uint32_t USART_BaudRate;
  uint16_t USART_WordLength;
  uint16_t USART_StopBits;
  uint16_t USART_Parity;
  uint16_t USART_Mode;
  uint16_t USART_HardwareFlowControl;
}USART_InitTypeDef;
```

- USART_BaudRate：设置 USART 传输的波特率。
- USART_WordLength：设置 USART 数据帧中数据位的位数。
- USART_StopBits：设置 USART 数据帧中停止位的位数。
- USART_Parity：设置 USART 数据帧的校验模式。
- USART_Mode：设置是否使能 USART 的发送或接收模式。
- USART_HardwareFlowControl：设置是否使能 USART 的硬件流模式。

输出参数：无。

返回值：无。

② USART_Cmd()。

函数原型：void USART_Cmd(USART_TypeDef* USARTx, FunctionalState NewState)。

功能：使能或禁止 USARTx。

输入参数：USARTx，指定的 USART 外设，该参数的取值可以是 USART1、USART2、USART3、USART4 或 USART5；NewState，USART 的新状态，可以是以下取值之一。

- ENABLE：使能 USARTx。
- DISABLE：禁止 USARTx。

输出参数：无。

返回值：无。

③ USART_SendData()。

函数原型：void USART_SendData(USART_TypeDef* USARTx, uint16_t Data)。

功能：通过 USARTx 发送单个数据。

输入参数：USARTx，指定的 USART 外设，该参数的取值可以是 USART1、USART2、USART3、USART4 或 USART5；Data，待发送的数据。

输出参数：无。

返回值：无。

④ USART_ReceiveData()。

函数原型：uint16_t USART_ReceiveData(USART_TypeDef* USARTx)。

功能：返回 USARTx 最近收到的数据。

输入参数：USARTx，指定的 USART 外设，该参数的取值可以是 USART1、USART2、USART3、USART4 或 USART5。

输出参数：无。

返回值：接收到的数据。

⑤ USART_GetITStatus()。

函数原型：ITStatus USART_GetITStatus(USART_TypeDef* USARTx, uint16_t USART_IT)。

功能：查询指定 USART 中断是否发生（是否置位），即查询 USARTx 指定标志位的状态并检测该中断是否被屏蔽。

输入参数：USARTx，指定的 USART 外设，该参数的取值可以是 USART1、USART2、USART3、USART4 或 USART5；USART_IT，待查询的 USART 中断源。

输出参数：无。

返回值：USART 指定中断的最新状态。

⑥ USART_ITConfig()。

函数原型：void USART_ITConfig(USART_TypeDef* USARTx, uint16_t USART_IT, FunctionalState NewState)。

功能：使能或禁止指定的 USART 中断。

输入参数：USARTx，指定的 USART 外设，该参数的取值可以是 USART1、USART2、USART3、USART4 或 USART5；USART_IT，待查询的 USART 中断源。

输出参数：无。

返回值：无。

2）程序流程。程序流程添加了串口初始化程序和串口发送程序，其流程图如图 5.26 所示。初始化包括时钟、OLED12864 显示器、DHT11 温湿度传感器和串口等接口的初始化。系统启动时，OLED12864 显示器显示"Temp"、"Humi"、"C"、"%RH"和"Normal"字符。然后开始采集温湿度数据，并实时地在 OLED12864 显示器上显示当前的温湿度数据。当温差超过 1℃或湿度差超过 1%RH 时，把温湿度数据发送给虚拟终端。当温度数据超过 30℃或者湿度数据超过 40%RH 时，OLED12864 显示器显示报警信息"Alarm"，并发送"Alarm"给虚拟终端。否则，OLED12864 显示器显示正常信息"Normal"，并发送"Normal"给虚拟终端。然后延时 1min，进行下一次的采集。

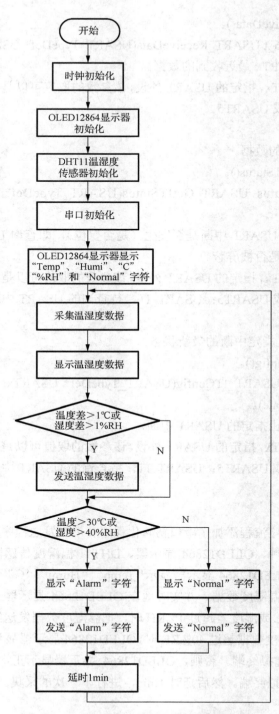

图 5.26　UART 串口通信模块的流程图

3）串口初始化程序。串口初始化程序主要是对 STM32F103 单片机的串行通信接口进行配置，以确保其能够按照预期的参数和模式进行通信。这个过程通常涉及以下几个关键步骤。

① 配置通信参数：初始化程序会设置串口的通信参数，包括波特率（即每秒传输的数据位数）、数据位数（通常是 5～9 位）、停止位（标志数据传输结束的位数，通常是 1 位、1.5 位或 2 位）及是否使用奇偶校验等。

② 配置工作模式：串口有多种工作模式，如同步模式、异步模式等，初始化程序会根据需求选择并配置合适的工作模式。

③ 配置硬件流控制：初始化程序可能会根据硬件连接的实际情况，配置硬件流控制（如使用 RTS/CTS 信号）以防止数据溢出。

④ 初始化 GPIO 引脚：STM32F103 的串口通常通过特定的 GPIO 引脚进行数据传输。初始化程序会配置这些 GPIO 引脚，将它们设置为合适的模式（如推挽输出或悬空输入）及正确的波特率。

⑤ 中断配置：如果串口通信需要使用中断来处理数据接收或发送，则初始化程序会配置相关的中断优先级，并启用相应的中断。

⑥ 使能串口：初始化程序会启用串口，使其开始工作。

通过串口初始化程序，STM32F103 可以与其他设备（如 PC、其他微控制器等）通过串口进行通信，以实现数据的发送和接收。

```
void USART1_init(u32 bound)
{
    GPIO_InitTypeDef GPIO_InitStructure;
    USART_InitTypeDef USART_InitStructure;
    NVIC_InitTypeDef NVIC_InitStructure;
    RCC_APB2PeriphClockCmd(RCC_APB2Periph_USART1|RCC_APB2Periph_
GPIOA, ENABLE); //使能 USART1，GPIOA 时钟（TX1:A9;RX1:A10）
    GPIO_InitStructure.GPIO_Pin = GPIO_Pin_9;         //USART1 TX
    GPIO_InitStructure.GPIO_Speed = GPIO_Speed_50MHz;
    GPIO_InitStructure.GPIO_Mode = GPIO_Mode_AF_PP;//复用推挽输出 A 端口
    GPIO_Init(GPIOA, &GPIO_InitStructure);
    GPIO_InitStructure.GPIO_Pin = GPIO_Pin_10;        //USART1 RX
    GPIO_InitStructure.GPIO_Speed = GPIO_Speed_50MHz;
    GPIO_InitStructure.GPIO_Mode = GPIO_Mode_IN_FLOATING;
      //复用开漏输入 A 端口
    GPIO_Init(GPIOA, &GPIO_InitStructure);
    USART_InitStructure.USART_BaudRate = bound;       //波特率
    USART_InitStructure.USART_WordLength = USART_WordLength_8b;
      //数据位 8 位
    USART_InitStructure.USART_StopBits = USART_StopBits_1;//停止位 1 位
    USART_InitStructure.USART_Parity = USART_Parity_No;//无奇偶校验
```

```
        USART_InitStructure.USART_HardwareFlowControl =
USART_HardwareFlowControl_None;      //无流控
        USART_InitStructure.USART_Mode = USART_Mode_Rx | USART_Mode_Tx;
          //收发模式
        USART_Init(USART1, &USART_InitStructure);
          //初始化 USART1
        USART1_RX_LEN = 0;
        USART1_RX_STA = 0;
        USART1_RX_counter = 0;                    //配置 USART1 NVIC
        NVIC_InitStructure.NVIC_IRQChannel = USART1_IRQn;
        NVIC_InitStructure.NVIC_IRQChannelPreemptionPriority=3; /*抢占优
先级 3*/
        NVIC_InitStructure.NVIC_IRQChannelSubPriority = 3;//子优先级 3
        NVIC_InitStructure.NVIC_IRQChannelCmd = ENABLE; //使能 IRQ 通道
        NVIC_Init(&NVIC_InitStructure);   //根据指定的参数初始化 NVIC 寄存器
        USART_ITConfig(USART1, USART_IT_RXNE, ENABLE);   //允许接收中断
        USART_ITConfig(USART1, USART_IT_IDLE, ENABLE);   //允许 IDLE 中断
        USART_Cmd(USART1, ENABLE);                       //使能 USART1
    }
```

这里使用的是 USART1，所以 UART 初始化需要启用 USART1 的时钟，对 TX 引脚（即 PA9）和 RX 引脚（即 PA10）进行 GPIO 配置，如 I/O 类型、速度和上/下拉等。然后设置波特率，选择数据位（通常是 8 位）、停止位（通常是 1 位）、校验位（通常是无校验）和硬件流控制等，启用接收和发送中断、嵌套向量中断控制器配置。最后使能 USART1。

4）串口发送程序。串口发送程序主要用于通过串行通信接口 UART 将数据从 STM32F103 发送到其他设备或系统，实现数据的共享、远程控制等功能。其主要功能包括以下几个。

① 数据封装：串口发送程序负责将要发送的数据进行封装，确保数据格式正确，以便接收端能够正确解析。这可能涉及将数据按照特定的协议或格式进行打包，包括添加起始位、结束位、校验位等。

② 控制发送过程：程序会控制数据的发送过程，包括确定发送时机（如定时发送或响应特定事件时发送）、发送速率（即波特率）及发送的数据量。

③ 错误处理：在发送过程中，如果遇到错误（如串口忙、发送缓冲区溢出等），则程序会进行相应的错误处理，以确保数据的可靠传输。

④ 中断处理：如果使用了中断方式来进行串口通信，则发送程序还需要处理与发送相关的中断事件，如发送完成中断、发送错误中断等。

```
    void USART1_Send_Byte(u8 Data)              //发送 1 字节
    {
        USART_SendData(USART1,Data);
```

```
    while( USART_GetFlagStatus(USART1, USART_FLAG_TC) == RESET );
}

void USART1_Send_String(u8 *Data)      //发送字符串
{
    USART_ClearFlag(USART1, USART_FLAG_TC );
    while(*Data)
    USART1_Send_Byte(*Data++);
}
```

调用 USART1_Send_String(u8 *Data) 函数对数据进行发送，该函数又调用 USART1_Send_Byte(u8 Data) 函数，对数据中的每一个字节进行发送。

5）主程序。系统主程序添加了串口的初始化程序、数据比较程序和串口发送程序。数据比较程序是比较当前温湿度值与上次记录值的差异，如果满足±1℃或±1%RH 的变化阈值，则通过 USART 发送数据到虚拟终端。

```
int main(void)
{
    u8 temperature,T=30;
    u8 humidity,H=40;
    delay_init();                          //初始化时钟
    OLED_Init();                           //初始化 OLED12864 显示器
    while(DHT11_Init());                   //初始化 DHT11 温湿度传感器
    USART1_init(9600);                     //初始化串口 USART1，波特率为 9600
    OLED_ShowString(1,3,"Temp");           //显示"Temp"字符
    OLED_ShowString(2,6,"C");              //显示"C"字符
    OLED_ShowString(1,10,"Humi");          //显示"Humi"字符
    OLED_ShowString(2,13,"%RH");           //显示"%RH"字符
    while(1)
    {
        DHT11_Read_Data(&temperature,&humidity); //采集温湿度数据
        OLED_ShowSignedNum(2,3,temperature,2);    //显示温度数据
        OLED_ShowSignedNum(2,10,humidity,2);      //显示湿度数据
        if(abs(temperature-T)>=1||abs(humidity-H)>=1)
        {
            T=temperature;                        //存储当前的温湿度数据
            H=humidity;
            sprintf(txbuf,"T:%2d℃,H:%2d%%RH\n",temperature,humidity);
            //串口发送温湿度
            USART1_Send_String((u8*)txbuf);
        }
        if(temperature>30|| humidity>40)
        {
            OLED_ShowString(3,6,"Alarm");
```

```
            USART1_Send_String("Alarm");
        }
        else
        {
            OLED_ShowString(3,6,"Normal");
            USART1_Send_String("Normal");
        }
        delay_ms(60000);                        //延时 1min
    }
}
```

（4）仿真结果

程序中的波特率（波特率=程序中的波特率值×主频/72MHz）设置的是 9600，主频为 8MHz，所以这里设置为 1066，如图 5.27 所示。

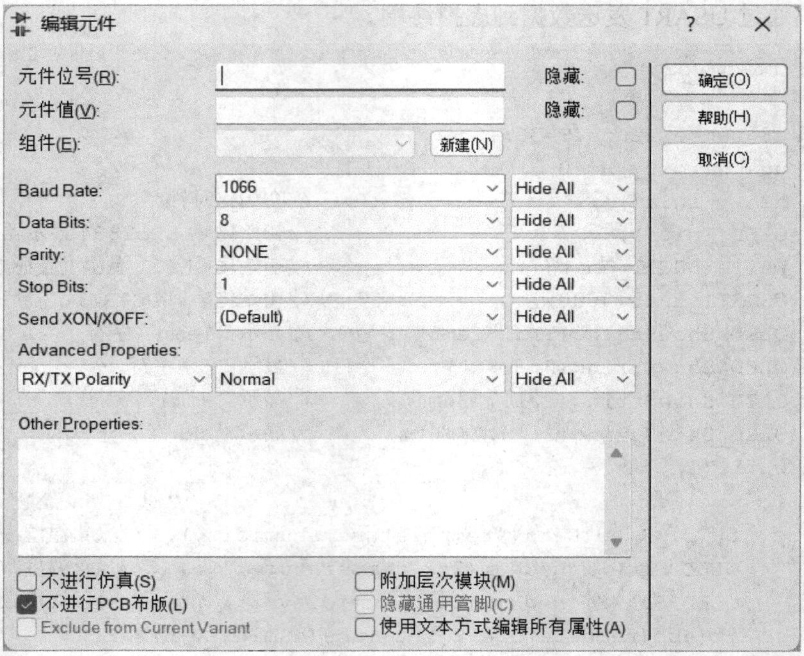

图 5.27　设置虚拟终端仿真参数

单击仿真软件左下角的▶符号进行仿真，即可看到温湿度值，如图 5.28 和图 5.29 所示。单击 DHT11 模块的➡按钮，可以切换修改温度值或者湿度值，上下箭头可以调高或降低温湿度值。用户可以实时改变温湿度值，串口上的数值也会随之改变。

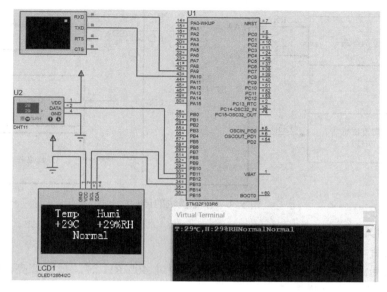

图 5.28　温湿度数据正常

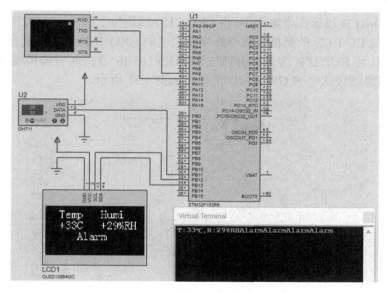

图 5.29　温湿度数据异常

3. 报警模块设计与仿真

（1）报警模块

智慧景观环境温湿度数据采集系统的报警模块在 UART 通信模块的基础上，添加 LED 报警灯和蜂鸣器，进行声光报警，其结构如图 5.30 所示。

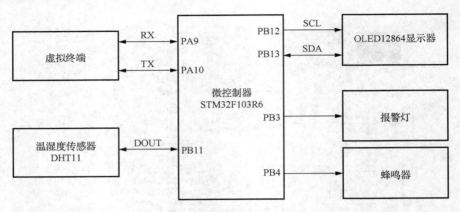

图 5.30　报警模块的结构

该模块的具体功能如下。

1）系统启动时，报警灯灭，蜂鸣器消声。

2）当数据温度数据超过 30℃或湿度数据超过 40%RH 时，报警灯亮，蜂鸣器响。否则，报警灯灭，蜂鸣器消音。

（2）电路设计

选择 LED-RED 放置在电路图中。将 LED-RED 的正极引脚与 STM32F103R6 的 PB3 引脚相连，将 LED-RED 的负极引脚与终端模式中的 GROUND 相连。选择 BUZZER 放置在电路图中。将 BUZZER 的正极引脚与 STM32F103R6 的 PB4 引脚相连，将 BUZZER 的负极引脚与终端模式中的 GROUND 相连，如图 5.31 所示。

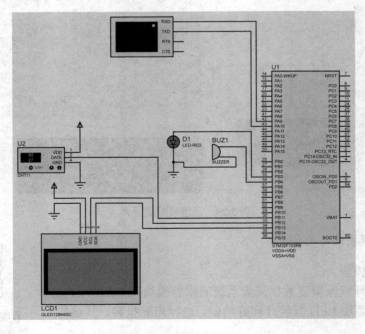

图 5.31　报警电路设计图

（3）程序流程

程序流程主要添加了报警模块初始化，打开报警模块和关闭报警模块，其流程图如图 5.32 所示。

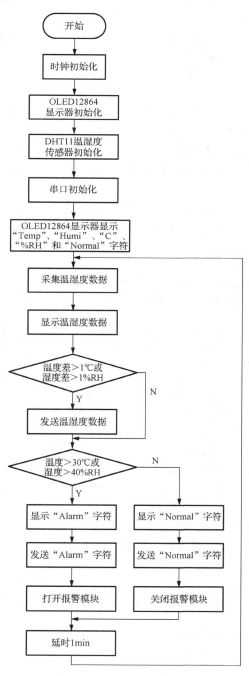

图 5.32　报警模块的流程图

初始化包括时钟、OLED12864 显示器、串口、报警模块和 DHT11 温湿度传感器等接口的初始化。系统启动时，OLED12864 显示器显示 "Temp"、"Humi"、"C"、"%RH" 和 "Normal" 字符。然后开始采集温湿度数据，并实时地在 OLED12864 显示器上显示当前的温湿度数据。当温差超过 1℃或湿度差超过 1%RH 时，把温湿度数据发送给虚拟终端。当温度数据超过 30℃或湿度数据超过 40%RH 时，OLED12864 显示器显示报警信息 "Alarm"，并发送 "Alarm" 给虚拟终端，打开报警模块。否则，OLED12864 显示器显示正常信息 "Normal"，并发送 "Normal" 给虚拟终端，关闭报警模块。然后延时 1min，进行下一次的采集。

1）报警模块初始化。报警模块包括报警灯和蜂鸣器，其初始化程序是准备这些外设以便在后续的程序中使用。主要包括以下内容。

① 配置 GPIO 端口：配置与报警灯和蜂鸣器连接的 GPIO 端口。这通常涉及设置 GPIO 端口的模式（如推挽输出模式或开漏输出模式）、输出速率及上拉或下拉电阻的配置。

② 初始化输出状态：设置报警灯和蜂鸣器的初始状态，即打开（亮）或关闭（灭）。这可以通过设置 GPIO 端口的输出数据寄存器来实现。

```c
void ALARM_Init(void)
{
    GPIO_InitTypeDef  GPIO_InitStructure;
    RCC_APB2PeriphClockCmd(RCC_APB2Periph_GPIOB, ENABLE);
        //使能 PB 时钟
    RCC_APB2PeriphClockCmd(RCC_APB2Periph_AFIO,ENABLE);
    GPIO_PinRemapConfig(GPIO_Remap_SWJ_JTAGDisable, ENABLE);
        //PB3、PB4 重映射
    GPIO_InitStructure.GPIO_Pin = GPIO_Pin_3|GPIO_Pin_4;
    GPIO_InitStructure.GPIO_Mode = GPIO_Mode_Out_PP;  //推挽输出模式
    GPIO_InitStructure.GPIO_Speed = GPIO_Speed_50MHz;
        //I/O接口速度为 50MHz
    GPIO_Init(GPIOB, &GPIO_InitStructure);
        //根据设定的参数初始化 GPIOB
    GPIO_ResetBits(GPIOB,GPIO_Pin_3|GPIO_Pin_4);
        //PB3/PB4 输出低电平（报警灯灭，蜂鸣器消音）
}
```

2）打开和关闭报警模块。PB3 和 PB4 设置高电平，蜂鸣器响，报警灯亮；反之，PB3 和 PB4 设置低电平，蜂鸣器消音，报警灯灭。

```c
void ALARM_OFF(void)
    {
        GPIO_ResetBits(GPIOB,GPIO_Pin_3|GPIO_Pin_4);
    }
void ALARM_ON(void)
    {
        GPIO_SetBits(GPIOB,GPIO_Pin_3|GPIO_Pin_4);
    }
```

3）主程序。系统主程序中添加了报警模块的初始化程序、阈值判断和报警处理。

```
int main(void)
{
    u8 temperature,T=30;
    u8 humidity,H=40;
    char txbuf[20];
    delay_init();                          //初始化时钟
    OLED_Init();                           //初始化 OLED12864 显示器
    while(DHT11_Init());                   //初始化 DHT11 温湿度传感器
    USART1_init(9600);                     //初始化串口 USART1，波特率为 9600
    ALARM_Init();
    OLED_ShowString(1,3,"Temp");           //显示"Temp"字符
    OLED_ShowString(2,6,"C");              //显示"C"字符
    OLED_ShowString(1,10,"Humi");          //显示"Humi"字符
    OLED_ShowString(2,13,"%RH");           //显示"%RH"字符
    while(1)
    {
        DHT11_Read_Data(&temperature,&humidity);  //采集温湿度数据
        OLED_ShowSignedNum(2,3,temperature,2);    //显示温度数据
        OLED_ShowSignedNum(2,10,humidity,2);      //显示湿度数据
        if(abs(temperature-T)>=1||abs(humidity-H)>=1)
        {
        T=temperature;
        H=humidity;
        sprintf(txbuf,"T:%2d℃,H:%2d%%RH\n",temperature,humidity);
        //串口发送温湿度
        USART1_Send_String((u8*)txbuf);
        }
        if(temperature>30|| humidity>40)
        {
            OLED_ShowString(3,6,"Alarm");
            USART1_Send_String("Alarm");
            ALARM_ON();                    //打开报警器
        }
        else
        {
            OLED_ShowString(3,6,"Normal");
            USART1_Send_String("Normal");
            ALARM_OFF();                   //关闭报警器
        }
        delay_ms(60000);                   //延时 1min
    }
}
```

（4）仿真结果

单击仿真软件左下角的▶符号进行仿真，即可看到温湿度值，如图 5.33 和图 5.34 所示。单击 DHT11 模块的◀▶按钮，可以切换修改温度值或者湿度值，上下箭头可以调高或降低温湿度值。用户可以实时改变温湿度值，报警模块的状态也会随之改变。

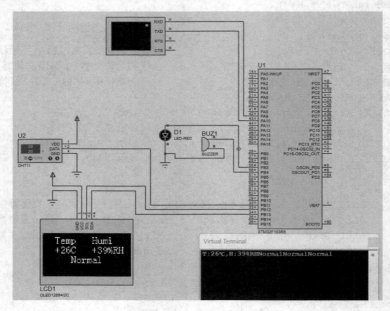

图 5.33　温湿度数据正常

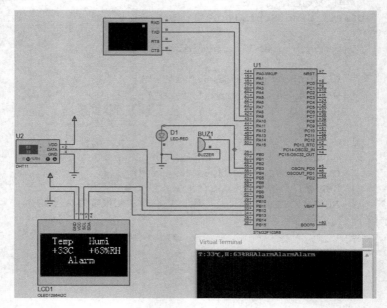

图 5.34　温湿度数据异常

任务实施

根据任务描述，以小组为单位，每组 3～5 人，分组讨论任务实施方案。实施步骤如下。

1）熟悉智慧景观环境温湿度数据采集的应用场景，按照要求每组成员完成应用场景的描述。

2）分析系统的主要功能单元及系统的整体架构，绘制系统的硬件组成框图。

3）选择合适的温湿度传感器，设计仿真电路。

4）梳理程序流程，绘制程序流程图，并编写相应的代码。

5）记录系统搭建与测试中的问题及解决方法。

6）总结本次任务的兴趣点、成就点和疑虑点。

7）每个人进行自我评价，组长进行小组评价，教师进行小组评价。

8）完成表 5.3 所示的任务实训报告。

表 5.3　智慧景观环境温湿度数据采集系统实训报告

任务描述
应用场景的描述。

实训准备
1．分析系统的主要功能单元及系统的整体架构，绘制系统的硬件组成框图。
2．温湿度传感器的选型。

任务实施
1．实训内容及步骤。 （1）电路设计图。

图 1　电路设计图

（2）程序流程图。

图 2　程序流程图

任务实施

（3）程序代码。

2．系统搭建与测试中的问题及解决方法。

总结与提高

请总结本次任务的兴趣点、成就点和疑虑点。

兴趣点：

成就点：

疑虑点：

考核与评价

1．自我评价

个人签字：　　　　　　　　　　　日期：

2．组长评价

组长签字：　　　　　　　　　　　日期：

3．教师评价

教师签字：　　　　　　　　　　　日期：

参 考 文 献

毕盛，等，2021．嵌入式微控制器原理及设计：基于 STM32 及 Proteus 仿真[M]．北京：电子工业出版社．

陈桂友，等，2021．单片机基础与创新项目实战[M]．北京：电子工业出版社．

陈海宴，2022．51 单片机原理及应用：基于 Keil C 与 Proteus[M]．4 版．北京：北京航空航天大学出版社．

杜洋，2021．STM32 入门 100 步[M]．北京：人民邮电出版社．

贺志盈，周志文，周正鼎，2020．单片机技术及应用（中职）[M]．西安：西安电子科技大学出版社．

荆珂，李芳，2019．单片机原理及应用——基于 Keil C 与 Proteus[M]．北京：机械工业出版社．

景妮琴，胡亦，吴友兰，2023．ARM 微控制器与嵌入式系统[M]．北京：电子工业出版社．

刘京威，汪鑫，林世舒，等，2021．微控制器技术及应用[M]．北京：高等教育出版社．

吕宗旺，李忠勤，孙福艳，2023．单片机与嵌入式系统[M]．北京：化学工业出版社．

莫太平，陈真诚，2019．单片机原理与接口技术[M]．武汉：华中科技大学出版社．

潘志铭，李健辉，2023．51 单片机快速入门教程[M]．北京：清华大学出版社．

佘黎煌，张新宇，张石，2021．微控制器原理与接口技术[M]．北京：机械工业出版社．

孙月江，亓春霞，2021．单片机系统设计与开发案例教程[M]．北京：北京理工大学出版社．

王维波，鄢志丹，王钊，2022．STM32Cube 高效开发教程（高级篇）[M]．北京：人民邮电出版社．

武新，高亮，张正球，等，2021．传感器技术与应用[M]．2 版．北京：高等教育出版社．

杨敬娜，董军刚，陈亮，2022．单片机技术应用与实践[M]．北京：中国人民大学出版社．